ICE
InterCityExpress

169
2

Wilfried Walter

ICE

InterCityExpress

Geschichte, Technik, Typen

GeraMond

Titelbild: Malte Werning

Rücktitelbild:Klaus-Jürgen Vetter

Die Deutsche Bibliothek – CIP-Einheitsaufnahme

Ein Titeldatensatz für diese Publikation ist bei
Der Deutschen Bibliothek erhältlich

ISBN 3-932785-42-8

1. Auflage 2001

Mit Beiträgen von Florian Anwander, Dieter Eikhoff, Axel Enderlein, Jürgen Hörstel, Konrad Koschinski, Michael Krolop, Frank von Meissner, Marcus Niedt, Frank Pfeiffer, Erich Preuß

Lektorat: Dieter Eikhoff
Herstellung: Hubert Bertele
Layout: Gramma GmbH, München
Druck: Mladinska knjiga Tiskarna, Ljubljana
Printed in Slovenia

Inhalt

Kapitel 1: Die Vorgeschichte

Mit der feierlichen Eröffnung der Neubaustrecke Hannover – Würzburg am 2. Juni 1991 begann in Deutschland ein neues Eisenbahnzeitalter (Foto: Michael Hubrich)

Mitte der sechziger Jahre, als die Kriegsschäden bei der Deutschen Bundesbahn (DB) weitgehend behoben waren, konnte man auch wieder daran denken, die Geschwindigkeiten insbesondere der Fernreisezüge über das Vorkriegsniveau anzuheben.

Die DB untersuchte in einer ersten Studie mögliche Fahrzeitverkürzungen in ihrem Netz. Das Ziel waren die Modernisierung der Streckenausrüstung sowie der Neubau von rund 500 km Strecke, woraus ein insgesamt über 3000 km langes Schnellfahrnetz entlang der Hauptverkehrsachsen mit Höchstgeschwindigkeiten bis zu 200 km/h entstehen sollte. Diese weitreichenden Planungen ließen sich jedoch vor allem wegen der ungeklärten Finanzierung nicht in kurzer Zeit verwirklichen. Außerdem standen der DB für diesen Verkehr zunächst auch keine geeigneten Fahrzeuge zur Verfügung. Für Versuchsfahrten wurde die Strecke Forchheim – Bamberg entsprechend ertüchIm Jahr 1965 bot die DB anlässlich der Internationalen Verkehrsausstellung (IVA) in München erstmals planmäßig mit Tempo 200 fahrende Züge auf der Strecke München – Augsburg an, Zuglok war die neu entwickelte Schnellfahrlokomotive der Baureihe E 03. Nach den Versuchsfahrten zwischen Forchheim und Bamberg und den Schnellfahrten zwischen München und Augsburg brachten Überlegungen der „Gruppe für allgemeine Studien" Bewegung in die Planungen für ein Hochgeschwindigkeitsnetz, für deren Realisierung allerdings das Geld fehlte. Im Jahr 1969 folgte schließlich ein Leitprogramm für die schrittweise Geschwindigkeitserhöhung auf den Hauptstrecken, das mit geringerem Aufwand und ohne größere Investitionen erste Schritte zu einem Schnellfahrnetz darstellte. Doch auch dieses Programm war nicht ohne staatliche Hilfe zu verwirklichen.

Für die Jahre 1968 bis 1972 kündigte die Bundesregierung in ihrem „Verkehrspolitischen Programm" eine erste koordinierte Verkehrsplanung aller Verkehrsträger einschließlich der Schiene an, wobei die begrenzten Bundesmittel optimal für den Ausbau des Straßen-, Schienen-, Wasserstraßen- und Luftverkehrsnetzes eingesetzt werden sollten. Daraus entstand später der 1. Bundesverkehrswegeplan.

Fliegende Züge

In den dreißiger Jahren des 20. Jahrhunderts begann die Deutsche Reichsbahn mit dem Aufbau eines Schnellverkehrsnetzes, mit dem der aufkommenden Konkurrenz durch das Kraftfahrzeug Paroli geboten werden sollte. Zum Einsatz gelangten eigens für diesen Verkehr entwickelte Dieselschnelltriebzüge. Die erste Verbindung war die Strecke Hamburg – Berlin, die ab 1933 durch den zweiteiligen dieselelektrischen Prototypen VT 877 bedient wurde. Der 160 km/h schnelle Triebzug bewältigte die Strecke in rund zwei Stunden und machte damit seinem Namen „Fliegender Hamburger" alle Ehre. Aus dem Prototypen wurden in der Folgezeit mehrere Baureihen von Triebzügen teils mit dieselelektrischem, teils mit dieselhydraulischem Antrieb entwickelt, die als zwei-, drei- oder vierteilige Einheiten mit Jacobs- oder normalen Drehgestellen gebaut wurden. Sie wurden als Bauarten Hamburg, Leipzig, Köln und Berlin bezeichnet. Für den Schnellverkehr auf bereits elektrifizierten Strecken entstand der zweiteilige elektrische Schnelltriebwagen der Baureihe ET 11 in insgesamt drei Exemplaren. Die „Fliegenden Züge" verbanden die wichtigsten Städte des Deutschen Reiches mit der Reichshauptstadt Berlin. Die Fahrpläne der planmäßig mit bis zu 160 km/h verkehrenden Züge waren so ausgelegt, dass Geschäftsleute an einem Tag zu ihren Terminen an- und wieder zurückreisen konnten. Mit dem Sommerfahrplan 1939 war ein beinahe flächendeckendes Schnelltriebwagennetz aufgebaut. Leider wurde der vielversprechende Verkehr, noch bevor er so richtig begonnen hatte, mit Beginn des Zweiten Weltkrieges abrupt eingestellt. Diesel stand als Mineralöl-Produkt nicht aus heimischen Vorräten zur Verfügung, und schnelles Reisen hatte in den Kriegszeiten seine Bedeutung verloren. Die Fahrzeuge liefen, sofern sie den Krieg überstanden hatten, bei den beiden deutschen Staatsbahnen noch etliche Jahre, konnten aber an die Vorkriegsreisezeiten nicht mehr anknüpfen.

Foto: Slg. Volker Großkopf

Während der Internationalen Verkehrsausstellung 1965 in München bot die DB erstmals Züge für den öffentlichen Verkehr mit einer Höchstgeschwindigkeit von 200 km/h an. Die Schnellfahrten zwischen München und Augsburg begannen am 26. Juni 1965, das Bild zeigt die E 03 001 mit dem ersten Zug in Augsburg (Foto: DB)

KAPITEL 2:
Der lange Weg zu den Neubaustrecken

Bevor die ersten Serienzüge des ICE Reisende mit Tempo 250 durch die Lande befördern können, müssen erst Strecken für solch hohe Geschwindigkeiten gebaut werden (Foto:Wolfgang Klee)

Das charakteristische Empfangsgebäude des völlig umgebauten ICE-Bahnhofes Kassel-Wilhelmshöhe im März 1995 (Foto: Michael Hubrich)

Der 2. Juni 1991 war ein Meilenstein in der deutschen Eisenbahngeschichte: An diesem Tage gingen die beiden Neubaustrecken (NBS) Hannover – Würzburg und Mannheim – Stuttgart vollständig in Betrieb – zusammen mit der ersten ICE-Linie von Hamburg über Stuttgart nach München. Doch bis zu diesem Einstieg in den Hochgeschwindigkeitsverkehr war es ein langer Weg: Über 20 Jahre hatten Planung und Bau dieser beiden Großprojekte gedauert, verzögert vor allem durch zahlreiche Einsprüche, die sehr langwierige Planungs- und Genehmigungsverfahren sowie Bauzeiten zur Folge hatten.

Diese beiden Strecken sollten die ärgsten Engpässe im Netz der DB, das bis 1989 vorwiegend auf den Nord-Süd-Verkehr ausgerichtet war, beseitigen.

Der 1. Bundesverkehrswegeplan (BVWP) von 1973 enthielt wesentliche Teile des 1970 vom Vorstand der DB beschlossenen Ausbauprogramms. Darin waren bis 1985 Investitionen von über 30 Milliarden DM vorgesehen. Neben mehreren Ausbaustrecken (ABS) sollten die Relationen Köln – Rhein/Main, Hannover – Gemünden sowie Mannheim – Stuttgart durch Neubaustrecken (insgesamt rund 950 km) ergänzt werden. In einer Fortschreibung des 1. BWVP folgte das „Koordinierte Investitionsprogramm für Bundesverkehrswege" (KIP) für den Zeitraum von 1976 bis 1985, das für die beiden Neubaustrecken Hannover – Würzburg und Mannheim – Stuttgart sowie sechs Ausbaustrecken die Bereitstellung von fast zwölf Milliarden DM vorsah. Im Bundesverkehrswegeplan 1985 waren als neue Vorhaben des „Vordringlichen Bedarfs" die Neu- bzw. Ausbaustrecken Dortmund – Kassel, Fulda – Mannheim, Karlsruhe – Basel, Würzburg – Nürnberg – München und Stuttgart – Augsburg enthalten. Während die NBS Hannover – Würzburg und Mannheim – Stuttgart zu diesem Zeitpunkt bereits ihrer Vollendung entgegengin-

Zehn Prozent der Strecke zwischen Kassel und Fulda verlaufen über Brücken. Im Bild die Fuldabrücke bei Kragenhof am 28. April 1993 (Foto: Jürgen Hörstel)

gen, war die ebenfalls im Jahr 1970 vorgeschlagene Verbindung Köln – Rhein/Main vor allem wegen des Streits um die Anbindung von Bonn und Koblenz immer noch umstritten. Erst im Herbst 1989 fiel eine Vorentscheidung zugunsten einer rechtsrheinischen Führung durch den Westerwald.

Um die Neubaustrecken Hannover – Würzburg und Mannheim – Stuttgart möglichst wirtschaftlich zu betreiben, d. h. mit möglichst vielen Zugfahrten belegen zu können, sollten sie von Personen- und Güterzügen gemeinsam im Mischbetrieb genutzt werden können. Daher musste die maximale Längsneigung der Strecken mit Rücksicht auf die Güterzüge auf 12,5 Promille festgelegt werden. Als Mindestradius wurden 5100 m, als Regelradius 7000 m angesetzt. Für einen reibungslosen Betrieb sollten etwa alle 20 km Überholungsbahnhöfe mit mindestens einem Überholgleis je Richtung und gegebenenfalls Gleisen für Instandhaltungs- und Baufahrzeuge eingerichtet werden. Dazwischen erhielt die Strecke im Abstand von ca. sieben Kilometer Überleitstellen, die das Wechseln auf das andere Gleis mit 130 km/h und das Fahren im Gleiswechselbetrieb ermöglichen, z. B. bei Instandhaltungsarbeiten im Nebengleis oder bei „fliegenden Überholungen".

Hannover – Würzburg

Im Jahre 1971 begannen die Planungsarbeiten in den Bundesbahndirektionen Hannover, Kassel, Frankfurt und Nürnberg für die NBS Hannover – Würzburg. Zwei Jahre später wurde in Laatzen bei Hannover der erste Rammschlag für den Bau des schon genehmigten zwölf Kilometer langen Teilstücks im Stadtgebiet von Hannover gefeiert. Die Inbetriebnahme dieses Abschnitts erfolgte dann 1979. Bei den übrigen Teilen der inzwischen mit der Ergänzungsstrecke Aschaffenburg – Würzburg zur Neubaustrecke Hannover – Würzburg zusammengefassten

Kunstbauten wie die Mülmischtalbrücke waren nötig, um die Neigungsverhältnisse der NBS in Grenzen zu halten (Foto: Wolfgang Klee)

Strecke entwickelten sich schon während des Raumordnungsverfahrens Diskussionen um den Trassenverlauf, die zu mehrjährigen Verzögerungen der Bauarbeiten an den übrigen Teilabschnitten führten.

Neben den Endpunkten Hannover und Würzburg sollte auch Kassel wieder einen guten Anschluss an das Fernstreckennetz erhalten. Die Linienführung zwischen diesen Städten wurde jedoch erst nach teilweise langwierigen Auseinandersetzungen über verschiedene Varianten festgelegt. Im Nordabschnitt der NBS Hannover – Würzburg sollte vor allem die vorhandene dicht befahrene Nord-Süd-Strecke Hannover – Göttingen – Bebra entlastet werden. Als erste Variante wurde eine Trasse auf kürzestem Wege nach Kassel über den Raum Holzminden/Höxter geplant. Das Land Niedersachsen plädierte jedoch für eine Anbindung des Wirtschaftsraums Göttingen und gegen eine Führung durch das unter Umweltgesichtspunkten problematische Wesertal. Weitere Überlegungen führten zur heutigen Variante, die von Rethen aus nach Göttingen östlich des Leinetals verläuft und zusätzlich Hildesheim gut anbindet. Nachdem die ersten Planfeststellungsbeschlüsse vorlagen, begannen 1981 die Bauarbeiten auf dem Abschnitt südlich von Rethen bis kurz vor Kassel.

Das Teilstück Kassel – Fulda stellt erstmals eine direkte Bahnverbindung beider Zentren her. Im dazwischen liegenden Mittelgebirgsraum verläuft die Strecke jedoch immerhin zu 44 Prozent im Tunnel und zu zehn Prozent über Brücken. Diskussionen gab es auch um einen Fernbahnhof in Kassel. Als Standort entschied man sich für Kassel-Wilhelmshöhe.

Auch der vorhandene Streckenabschnitt Fulda – Würzburg der Nord-Süd-Strecke stellte aufgrund der Mittelgebirgstrassierung aus dem 19. Jahrhundert keine besonders schnelle Verbindung im Verlauf der Relation Hamburg – München dar. Die große Schleife bei Elm sowie zahlreiche enge Radien führten vor allem zwischen Fulda und Gemünden zu einer geringen Höchstgeschwindigkeit. Trotz des hohen Anteils an Kunstbauten – mit immerhin 45 Brücken, 20 Tunnels und 35 km Erdbaustrecke – kamen die Arbeiten nach dem Baubeginn 1981 so zügig voran, dass bereits im Sommer 1986 ein kurzes Teilstück südlich von Burgsinn für erste Testfahrten freigegeben werden konnte.

Mannheim – Stuttgart

Trotz der geringeren Länge lag auch bei der Verbindung Mannheim – Stuttgart zwischen dem Beginn der Planungen und der Inbetriebnahme ein Zeitraum von über 20 Jahren. Erstmals im Ausbauprogramm von 1969 vorgeschlagen, sollte sie die Verkehrsverhältnisse des völlig überlasteten Korridors zwischen dem Rhein-Neckar-Raum und dem mittleren Neckarraum verbessern. 1974 stimmte das Land Baden-Württemberg einer Grobtrasse grundsätzlich zu, und im Dezember 1975 schließlich erteilte der Bundesverkehrsminister die Genehmigung zum Bau. Beim ersten Rammschlag für die Neubaustrecke Mannheim – Stuttgart am 20. August 1976 ahnte jedoch niemand, dass der ursprünglich für 1984 vorgesehene Fer-

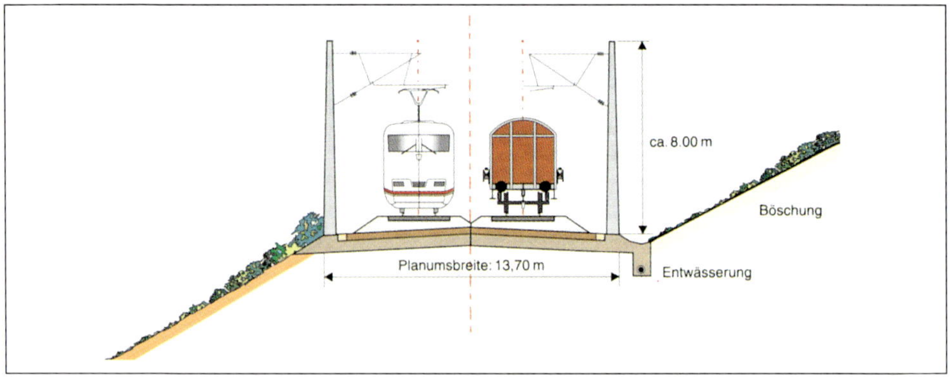

Platzbedarf einer ICE-Trasse in der Geraden (Grafik: Planungsgesellschaft Bahnbau Deutsche Einheit)

tigstellungstermin aufgrund weiterer Zeitverluste bei der Durchsetzung der Streckenführung später nicht mehr gehalten werden konnte. Die ab 1975 eingeleiteten Planfeststellungsverfahren gerieten in eine Zeit zunehmender Sensibilisierung gegenüber Großprojekten. Auch rückte das Land teilweise von seiner 1974 gegebenen Zustimmung ab und stellte einen umfangreichen Forderungskatalog auf, der mit erheblichem finanziellem Mehraufwand für die Bahn verbunden war. Nach langwierigen Verhandlungen zwischen Bahn, Bund und Land konnte 1978 ein Kompromiss geschlossen werden, der die zügige Einleitung der noch ausstehenden Planfeststellungsverfahren ermöglichte. Die Verhandlungen der Projektgruppe Mannheim – Stuttgart führten nach jahrelangen gerichtlichen Auseinandersetzungen 1983 schließlich auf den meisten Abschnitten zur Einigung mit den Gemeinden, so dass die Bauarbeiten endlich wieder aufgenommen werden konnten.

Erste Inbetriebnahmen

Einzelne frühzeitig fertiggestellte Teilstücke der Neubaustrecken, die durch Verbindungen mit den Altstrecken sogleich mitbenutzt werden konnten, wurden vornehmlich in der zweiten Hälfte der achtziger Jahre dem Betrieb übergeben, meist im Zusammenhang mit einer Erweiterung des InterCity-Systems. Mit dem Bau eines dritten Gleises zwischen Würzburg und Rottendorf ging ein erstes Stück der an die NBS anschließenden Ausbaustrecke Würzburg – Nürnberg im Juli 1984 in Betrieb. Ein weiterer Abschnitt, der nicht direkt zu den Neubaustrecken gehört, wurde ein Jahr später zur Einführung des erweiterten IC-Systems „IC 85" übergeben: die westliche Einführung der Riedbahn in Mannheim. Für die Züge zwischen Frankfurt und Karlsruhe/Stuttgart entfiel nun der zeitaufwendige Lokwechsel.

Im Sommer 1986 konnte das Teilstück Burgsinn – Hohe Wart zwischen Fulda und Würzburg schon für Messfahrten genutzt werden. Weitere Teilabschnitte wurden in rascher Folge dem Verkehr übergeben: Im Mai 1987 der 38 km lange Abschnitt Mannheim – Graben-Neudorf, im Mai 1988 der Gesamtabschnitt Fulda – Würzburg, mit einer spektakulären Parallelfahrt von vier Zügen eröffnet, und der Abschnitt Edesheim – Nörten-Hardenberg zwischen Hannover und Göttingen. Der Restabschnitt von Nörten-Hardenberg bis Göttingen wurde 1989 fertiggestellt und nach ersten Güterzugfahrten zur „dynamischen Gleisstabilisierung" im Mai 1990 dem Betrieb übergeben. Für Messfahrten stand schon ab Anfang 1990 die Teilstrecke Fulda – Kirchheim Nord zur Verfügung.

Nach dem Start des IC-Systems im Jahre 1971 und den Erweiterungen des Netzes in den Jahren 1979, 1985 und 1988 war der Fahrplanwechsel 1991 von epochaler Bedeutung. Das gesamte Fahrplangefüge der DB war vollkommen neu gestaltet worden. Angesichts der völlig veränderten politischen Lage durch die deutsche Einheit wurden kurzfristig (ab 1991) auch Berlin, Leipzig und Dresden in das IC-Netz integriert. Kernstück des IC'91-Angebots war die ICE-Linie 6 von Hamburg über Hannover, Fulda, Frankfurt, Mannheim, Stuttgart nach München, die beide Neubaustrecken berührte und von den neuen InterCityExpress-Zügen mit Höchstgeschwindigkeiten von bis zu 250 km/h befahren wurde. Die IC-Linie 4 (Hamburg – Hannover – Würzburg – Nürnberg – München) wurde zunächst noch mit lokbespannten Zügen mit 200 km/h Höchstgeschwindigkeit gefahren und erst im Laufe des Fahrplanjahres 1991/92 auf ICE umgestellt. Ab 1993 kam eine dritte ICE-Linie Hamburg – Karlsruhe – Basel mit einigen Zügen bis Zürich hinzu. Die Züge der von München über Stuttgart führenden Linie (später ICE 6) fuhren ab diesem Zeitpunkt alternierend nach Hamburg, Bremen und sogar Berlin.

Hannover – Berlin

Als vorläufig jüngste neue Hochgeschwindigkeitsverbindung ging im September 1998 die Schnellbahn Hannover – Berlin in Betrieb. Sie besteht aus einem Streckenneubau zwischen Oebisfelde und Staaken und dem Ausbau der anschließenden Abschnitte von Lehrte nach Oebisfelde unsd Staaken – Berlin Hbf. Die Maßnahmen verkürzten die Reisezeit zwischen Berlin Zoologischer Garten und Hannover Hbf auf weniger als zwei Stunden gegenüber den ICE-Zügen über Magdeburg – Braunschweig mit zwei Stunden 50 Minuten. Die früheren Transitzüge vor 1990 benötigten sogar fast fünf Stunden. Die Planungen reichten zurück auf Verhandlungen über eine Schnellbahn Hannover – Berlin als Transitstrecke im Korridorverkehr durch die DDR. Die DB erwartete 50 Millionen Reisende pro Jahr und wollte mit der neuen Strecke Berlin auf akzeptablem

Östlich von Rathenow muss der ICE Rücksicht auf die vom Aussterben bedrohten Großtrappen nehmen (Foto: Sammlung Erich Preuß)

In der Querschnitt-Ansicht wird der Aufbau der Festen Fahrbahn deutlich (Foto: Jürgen Hörstel)

Der Unterbau der Schnellfahrstrecke Hannover – Berlin ist weitgehend als Feste Fahrbahn ausgebildet wie hier bei Staffelde (Foto: Jürgen Hörstel)

Niveau an das Netz der DB anschließen. Nach Öffnung der Grenzen erhielt diese Relation eine zentrale Bedeutung mit internationalem Charakter. Sie wird als Teil einer europäischen Magistrale Paris – Warschau angesehen. Die Verbindung fand als Projekt 4 Eingang in die Verkehrsprojekte Deutsche Einheit. Für die Umsetzung wurde von Deutscher Bundesbahn und Deutscher Reichsbahn eine Planungsgesellschaft Schnellbahnbau Hannover – Berlin gegründet, die 1996 in der Planungsgesellschaft Bahnbau Deutsche Einheit (PB DE) aufging. Wie bei vielen Großprojekten verzögerte sich auch bei diesem Vorhaben die Fertigstellung. Mehrmals musste der Eröffnungstermin verschoben werden. Dafür waren zahlreiche Gründe verantwortlich: rechtliche Probleme, Bombenfunde und der strenge Winter 1996/1997 machten sich bemerkbar. Östlich von Rathenow (bei Buschow) durchschneidet die Trasse das letzte Brutgebiet der Großtrappen, einer vom Aussterben bedrohten Vogelart. Der Streit darüber, wie diese Vögel am besten vor den Hochgeschwindigkeitszügen geschützt werden sollen, zog sich über Jahre hin. Schließlich einigten sich 1995 Naturschützer und Bahn auf Erdwälle mit hoher Bepflanzung und eine Geschwindigkeitsbegrenzung auf 160 km/h. Die Expresszüge verlieren dadurch fünf Minuten Fahrzeit.
Von Lehrte bis Wolfsburg ist eine Höchstgeschwindigkeit von 200 km/h möglich, von Wolfsburg bis Oebisfelde und auf dem Neubauabschnitt Oebisfelde – Staaken kann Tempo 250 gefahren werden. Der restliche Abschnitt bis Berlin Hbf erlaubt nur zwischen 60 und 140 km/h. An nennenswerten Brückenbauwerken bestehen die Überquerung der Elbe bei Hämerten, die Überwerfungsbauwerke in Oebisfelde und Bindfelde sowie die Überführung über den Berliner Außenring bei Wustermark. Tunnel weist die Strecke nicht auf. Auf rund 90 Kilometern wurde beim Bau die Bauweise als Feste Fahrbahn angewandt.
Seit der Eröffnung am 27. September 1998 fahren ICE im Stundentakt von Berlin ins Rheinland. Dabei wurde mit je zwei ICE 2 das Flügelzug-Prinzip wieder eingeführt. Zwei Einheiten fahren als gemeinsamer Zug von Berlin bis Hamm. Dort werden sie geteilt und ein Halbzug fährt weiter über Essen nach Düsseldorf, während der andere über Wuppertal Kurs auf Köln nimmt. In umgekehrter Richtung fahren die beiden Halbzüge aus Köln und Düsseldorf ab Hamm vereinigt weiter nach Berlin.

Köln – Rhein/Main

Bereits seit Jahrzehnten ist eine neue Strecke für die Verbindung von Köln ins Rhein-Main-Gebiet geplant. Die Trasse bildet ein Kernstück im europäischen Infrastrukturleitplan (EIL) des Internationalen Eisenbahnverbandes UIC. Über diese Strecke wird die Reisezeit auf rund eine Stunde schrumpfen. Damit ist Amsterdam von Frankfurt nur noch drei Stunden entfernt, und die von Köln nach Basel wird nur noch dreieinhalb statt viereinhalb Stunden dauern. Doch noch ist es nicht soweit. Verzögerungen beim Bau schoben den geplanten Fertigstellungstermin immer wieder hinaus. Von Süden her ist das erste Teilstück mit dem neuen Fernbahnhof am Frankfurter Flughafen und einigen Streckenkilometern bereits seit Sommer 1999 in Betrieb. Die übrige Strecke bis Köln wird vorraussichtlich im Jahr 2004 befahrbar sein.

Die weitgehend parallel zur Autobahn A 3 gebaute Strecke entspricht damit fast der Luftlinie zwischen Köln und Frankfurt. Mit 177 km Länge liegt sie gerade um 17 km über der Ideallinie. Die an der Grenze der Belastbarkeit befahrene linksrheinische Bahnstrecke über Mainz und Koblenz benötigt dagegen fast 50 km mehr, insgesamt 222 km. Zwischen Siegburg und dem Abzweig nach Wiesbaden wird die Strecke für Geschwindigkeiten bis zu 300 km/h ausgelegt. Damit sind dann Reisezeiten von nur 58 Minuten für die Relation Köln – Frankfurt möglich. Dazu muss aber die gesamte Distanz ohne Umweg oder Zwischenhalt zurückgelegt werden.

Dazu bieten sich jedoch einige Möglichkeiten. Auf politischen Druck hin wird die ICE-Linie wie in Frankfurt auch in Köln mit dem Flughafen verbunden. Hier wird mit großem technischem und finanziellem Aufwand eine Schleife von der eigentlichen Strecke ausgefädelt und unterirdisch mit engen Radien zum Airport Köln/Bonn geführt.

Aus gleichen Gründen wurden in Montabaur (Rheinland-Pfalz) und im nur wenige Kilometer entfernten hessischen Limburg

Tunnelbau an der neuen Strecke von Köln nach Frankfurt (Foto: Joachim Seyferth)

In atemberaubender Technik spannen die Brückenbauer einen Betonbogen für den ICE über die Lahn (Foto: Wolfgang Clössner)

Rund um die Uhr graben Bergleute den Ittenbach-Tunnel. Grelle Scheinwerfer leuchten die Baustelle in der Nacht aus (Foto: Wolfgang Clössner)

zwei ICE-Halte eingerichtet, deren Notwendigkeit stark umstritten ist. Von der Nachfrage her ebenfalls nicht notwendig ist der teure Abzweig von der Schnellfahrstrecke durch die Taunus-Ausläufer in die Landeshauptstadt Wiesbaden. Die Neubaustrecke wird ausschließlich für den schnellen Reisezugverkehr reserviert sein. Ihre langen Steigungen von bis zu 40 Promille sind auch nur von Zügen wie dem ICE 3 bei vollem Tempo zu bewältigen. Die beiden Neubaustrecken Mannheim – Stuttgart und Hannover – Würzburg weisen wegen ihrer Eignung für Güterzüge wesentlich mehr Kunstbauten auf. Zwischen Köln und Frankfurt sind den-

TUNNEL ITTENBACH
WIEBE

noch 26 Tunnel und 18 Großbrücken notwendig.
Für die Beförderung der erwarteten rund 30 000 Fahrgäste täglich in jeder Richtung hat die Deutsche Bahn den ICE 3 vorgesehen, für den die Route zur Stammstrecke werden wird. Zunächst sind fünf ICE-Linien vorgesehen, in die auch weitere internationale Hochgeschwindigkeitszugläufe eingebunden werden. Hierfür kommen Amsterdam – Frankfurt mit Weiterführung nach Süden oder Paris – Brüssel – Köln – Frankfurt in Frage. Die DB erwägt allerdings auch, mit dem ICE 3 die Linie Frankfurt – Saarbrücken – Paris zu bedienen, die mit über die vorgesehene TGV-Strecke von der französischen Hauptstadt nach Straßburg verlaufen soll.

Ingolstadt – Nürnberg

Sowohl in Köln als auch in Frankfurt wird die ICE-Linie mit den Flughäfen verbunden. Am Airport Köln/Bonn wird von der eigentlichen Strecke mit großem Aufwand eine Schleife ausgefädelt und unterirdisch mit engen Radien zum Flughafen geführt. Dieser milliardenteure Zusatz ist ebenso unter dem Druck der Politik entstanden wie die verkehrlich kaum sinnvolle Einrichtung von zwei ICE-Halten in Montabaur in Rheinland-Pfalz und im nur wenige Kilometer entfernten hessischen Limburg. Schließlich ist auch der teure Abzweig von der Schnellfahrstrecke durch die Taunus-Ausläufer in die Landeshauptstadt Wiesbaden von der Nachfrage her kaum zu rechtfertigen.

Die Neubaustrecke ist ausschließlich für den schnellen Personenfernverkehr vorgesehen. Das zeigt sich in der Trassierung mit langen, nur vom ICE 3 bei vollem Tempo zu bewältigenden Steigungen bis zu 40 Promille. Mit der im Vergleich zu den auch für Güterzüge befahrbaren Neubaustrecken Mannheim – Stuttgart und Hannover – Würzburg steileren Trassierung wurden weniger Kunstbauten notwendig; 26 Tunnel und 18 Großbrücken sind es dennoch.

Der Bahnhof Frankfurt Flughafen Fernbahnhof ist aus der Luft gut zu erkennen (Foto: Wolfgang Klee)

Das deutsche Schnellfahrnetz

Nach EU-Klassifizierung besitzt die Deutsche Bahn AG inzwischen ein gut 1700 km langes Hochgeschwindigkeitsnetz mit „High Speed Lines“ für Geschwindigkeiten über 250 km/h und so genannten „Upgraded High Speed Lines“ (Ausbaustrecken für 200 km/h). Derzeit verfügt die DB über drei reine ICE-Schnellfahrstrecken: Hannover – Würzburg und Mannheim – Stuttgart seit 1991, Berlin – Hannover seit September 1998. Zum Tempo-200-Netz zählen die „Rennstrecken“ Hamburg – Bremen – Münster, Hamburg – Hannover und Hannover – Dortmund. Dazu kommen die Verbindungen Dortmund – Köln, Frankfurt – Fulda, Frankfurt – Mannheim, Graben-Neudorf – Karlsruhe, München – Augsburg – Donauwörth und Günzburg – Augsburg.

Im Bau befindet sich die Neubaustrecke Ingolstadt – Nürnberg, die Aufnahme zeigt einen Streckenabschnitt im Altmühltal bei Greding (Foto: Marcus Niedt)

Die weiteren Pläne für Hochgeschwindigkeitsangebote auf der Schiene sind zwar eng eingebunden in den Aufbau des transeuropäischen Verkehrsnetzes. Doch angesichts der Finanznöte des Bundes werden die im Bundesverkehrswegeplan von 1992 festgeschriebenen Projekte längst nicht mehr alle verwirklicht werden. So hat auch die DB selbst vor einiger Zeit mit ihrer Strategie „Netz 21" ein radikales Umdenken verkündet: Mit rund 36 Milliarden Mark Investitionen in den nächsten zehn Jahren soll vor allem das Altnetz erneuert und ausgebaut werden.

Spektakuläre Großprojekte dagegen wandern in die Schublade, wenn sie wenig Rendite versprechen. So sollen die beiden im Bau befindlichen Neubaustrecken Köln – Rhein/Main und Nürnberg – Ingolstadt – München möglichst zügig zu Ende gebaut werden. Für die Strecke Erfurt – Nürnberg und den nördlichen Ast nach Halle/Leipzig, der in ersten Bauabschnitten bereits fertiggestellt ist, kam aber das Aus vom Bundesverkehrsministerium ebenso wie für die Pläne einer Umfahrung der Geislinger Steige. Unklar ist derzeit noch, wie es um wichtige Ausbaustrecken-Programme steht, etwa die Ertüchtigung für Karlsruhe – Offenburg und Köln – Aachen. Die DB AG selbst favorisiert nur noch zwei ergänzende Verbindungen als Neubau Strecken. Zum einen braucht sie eine Hochgeschwindigkeitsverbindung von Frankfurt nach Mannheim, wo nach Fertigstellung der Strecke Köln – Rhein/Main die ICE-Züge der Relationen Köln – Süddeutschland bzw. Berlin/Hamburg – Hannover – Süddeutschland gebündelt werden. Zum anderen soll die ICE-Strecke Hannover – Würzburg südlich von Fulda mit der „Mottgers-Schleife" vom gleichnamigen Überholbahnhof mit der ausgebauten Verbindung Fulda – Frankfurt (Main) verknüpft werden. Beschleunigt und verbessert werden soll auch die Verbindung Würzburg – Nürnberg, so dass dann zwar kein durchgehendes bundesweites Tempo- 300-Netz entsteht, wohl aber ein sinnvoll verbundenes Angebot an Neubau- und Ausbaustrecken, das die Fahrzeitgewinne der Schnellfahrstrecken weitgehend flächendeckend weitergeben kann.

Kapitel 3: Erste Fahrzeuge für Schnellfahrten

Mit der E 03 001 begann 1965 das Hochgeschwindigkeitszeitalter bei der DB. Heute ist die Maschine betriebsfähige Museumslok (Foto: Feldmann)

E03 001

Die deutschen Schienenfahrzeughersteller waren an einem Vorzeigeprojekt interessiert, das bei diesem stark vom Export abhängigen Industriezweig absatzfördernd wirken sollte.

Als Folge der vom Bundesminister für Verkehr in Auftrag gegebenen „Studie über ein Hochleistungsschnellverkehrssystem" konstituierte sich 1970 eine Arbeitsgemeinschaft, der zunächst vier deutsche Lokomotivfabriken angehörten und die in abgestimmter Arbeitsteilung Forschung und Entwicklung der Schienenverkehrstechnik vorantreiben wollten.

Der Arbeitsgemeinschaft schlossen sich bald weitere Industrieunternehmen, Lehrstühle und Institute an. 1978 entstand aus dieser Arbeitsgemeinschaft dann die „Forschungsgemeinschaft Rad/Schiene".

Fehlende konkrete Zielvorgaben durch Politik und DB führten dazu, dass die Forschung zunächst sehr breit und tief angelegt war, dafür allerdings ein umfangreiches Wissen und eisenbahntechnisches Knowhow erbrachte.

Daneben suchte man natürlich nach einem geeigneten Fahrzeug für den Hochgeschwindigkeitsverkehr, das im Geschwindigkeitsbereich über 200 km/h eingesetzt werden konnte, im Versuchsbetrieb sogar 300 km/h erreichen sollte. Projekte mit Gasturbinenantrieb schieden nach ersten Anläufen wegen der zu hohen Zuglasten aus, nachdem sich abgezeichnet hatte, dass die Fahrzeuge des Hochgeschwindigkeitsverkehrs (HGV) ausschließlich unter Fahrdraht zum Einsatz gelangen würden. Bereits im Jahr 1970 hatte die DB den Auftrag für einen Schnelltriebwagen mit 200 km/h Höchstgeschwindigkeit erteilt, der für den Einsatz im IC-Verkehr geeignet und gleichzeitig als Studiengrundlage für eine spätere Generation von Hochgeschwindigkeitszügen dienen sollte.

Die Baureihe 403

Aus diesen Überlegungen heraus entstanden bis 1973 die Elektrotriebzüge der Baureihe 403 nach den seinerzeit neuesten Erkenntnissen der Fahrzeugtechnik. Zu deren Bau wurden modernste Materialien verwendet, darunter auch erprobte Kunststoffe. Die vierteiligen Triebzüge verfügten über einen Allachsantrieb, eine gleisbogenabhängige Wagenkasteneinstellung, waren vollklimatisiert und hatten eine überaus komfortable Inneneinrichtung. Nach einer intensiven Erprobungsphase verkehrten die Triebzüge, die nur die erste Wagenklasse führten, im IC-Verkehr.

Theroetisch möglich, in der Praxis nie genutzt: Flügelzugbildung (Foto:Theodor Horn)

Dass es zu einem Einsatz der Triebzüge auf Neubaustrecken nie kam, ist allgemein bekannt. Woran aber waren die ehrgeizigen Pläne gescheitert? Die schwierigen wirtschaftlichen Verhältnisse nach der Ölkrise führten zu finanziellen Engpässen und zwangen auch – oder gerade – die Bahn erneut auf den Sparkurs. Außerdem orientierte sich die Verkehrspolitik nach dem Führungswechsel stärker am Individualverkehr – und erstmals stießen die Ausbaupläne der Bahn auf immer größeren Widerstand in der Bevölkerung. Zudem setzten die Verantwortlichen wieder auf lokbespannte Züge, mit denen man besser auf Bedarfsänderungen reagieren zu können glaubte. Der kurze Einsatz der Baureihe 403 hatte die Unwirtschaftlichkeit von Triebzügen erbracht. Ihre Rolle als Erprobungsträger mussten die Triebzüge der Baureihe 403 endgültig abgeben, als 1975 das ganze HGV-Konzept gekürzt wurde.

Daraufhin gewann die theoretische Forschung wieder an Bedeutung. Zur Überprüfung der gewonnenen Ergebnisse entstand aber in München-Freimann zwischen 1974 und 1977 der Rollprüfstand. Mit ihm kann das Laufverhalten von Fahrzeugen untersucht werden, ohne dass sie sich nur einen Meter bewegen. Auf ihm wurden alle Fahrzeuge getestet, die für die Entwicklung des ICE von Bedeutung waren – die Drehstromlokomotive 182 001 ebenso wie die UmAn-Lokomotive 202 003, aber auch Wagen mit neuentwickelten Drehgestellen.

Erneuter Anlauf

Mit zunehmender Konsolidierung der Wirtschaft schmiedete man ab 1975 wieder ernsthafte Pläne für ein Hochgeschwindigkeits-Triebfahrzeug, mit dem die theoretischen Untersuchungen der Rad/Schiene-Forschung überprüft werden konnten, wenn auch die DB zu diesem Zeitpunkt kein Interesse an einem Versuchsträger erkennen ließ. Die in der Zwischenzeit von der Forschungsgemeinschaft erarbeiteten Kenntnisse sollten in den Bau eines solchen Fahrzeugs einfließen, das deutlichen Forschungscharakter tragen und vielfältigen Versuchsaufgaben dienen sollte. Noch im Jahr 1975 wurde ein Konzept für ein solches Fahrzeug vorgestellt. Der als „Erprobungsträger-Fahrzeug" bezeichnete Triebzug sollte eine Geschwindigkeit von 400 km/h erreichen.

Anfangs standen 30 Fahrzeugkonstellationen zur Auswahl, von denen man sich letztlich für einen dreiteiligen Triebzug entschied. Mit dem Triebzug sollten fahrdynamische Zusammenhänge wie Luftwiderstand, Zugkraft, Beschleunigungs- und Verzögerungsverhalten erprobt und die elektrische Energieübertragung bei hohen Geschwindigkeiten optimiert werden. Daneben war beabsichtigt, die aerodynamischen Einflüsse auf das Fahrzeug und die von ihm ausgehenden Umweltbelastungen zu untersuchen. Der Triebzug sollte bis 1977 in Betrieb genommen werden und einen Mischstromantrieb erhalten, da ein Fahrzeug mit Drehstromantrieb erst ein Jahr später hätte geliefert werden können.
Das Fahrzeug sollte auf der Großversuchsanlage Donauried südwestlich von Donauwörth eingesetzt werden, nachdem sich abgezeichnet hatte, dass die Neubaustrecke Hannover – Würzburg ebenso wie die NBS Mannheim – Stuttgart erst in den neunziger Jahren fertiggestellt werden könnten.

Diese Großversuchsanlage sollte auch eine längere Teststrecke für Magnetschwebefahrzeuge aufweisen. Das Projekt scheiterte aber am entschiedenen Widerstand von Naturschützern und letztlich auch an finanziellen Hürden. Auch die Ersatzstrecke Rheine – Freren, die bis 1985 elektrifiziert und für 350 km/h ausgebaut werden sollte, erlitt das gleich Schicksal.

Nachdem nicht einmal mehr eine Einsatzmöglichkeit für ein Fahrzeug mit Geschwindigkeiten bis 400 km/h bestand, wurde das Projekt „Erprobungsträger-Fahrzeug", wieder verworfen. Aber nicht nur fehlende finanzielle Mittel – über die Finanzierung des 45 Millionen DM teuren Fahrzeugs konnte man sich bis zum Schluss nicht einigen – brachten das Projekt zu Fall. Allem Ehrgeiz zum Trotz musste man sich eingestehen, dass selbst für ein reines Forschungsfahrzeug das technische Konzept noch nicht in allen Bereichen ausgereift war. Vor allem aber fehlten konkrete Zielvorgaben aus der Verkehrspolitik, weil immer noch unklar war, welche Zukunft ein deutsches HGV-Netz haben würde.

Drehstromtechnik – Was ist das?

In modernen elektrischen und dieselelektrischen Triebfahrzeugen werden überwiegend Drehstrommotoren zum Antrieb verwendet. Alle gebräuchlichen Stromsysteme lassen sich über Halbleiterelemente auf Drehstrom umrichten. Sie sorgen außerdem relativ einfach für die Steuerung der Spannungen und Ströme. Meist werden Asynchronfahrmotoren (selten Synchronmotoren) verwendet, die über vier Stromkreise verfügen: Der Eingangskreis liegt bei dieselselektrischen Triebfahrzeugen am Hauptgenerator mit dem nachgeschalteten Gleichrichter, bei elektrischen Triebfahrzeugen am Netzstromrichter. Dem folgt als zweiter der Gleichstrom-Zwischenkreis zur Speisung des Wechselrichterkreises (dritter Kreis). Auf der anderen Seite des Wechselrichters liegt dann als Viertes der Drehstrom des Motorkreises. Die erste elektrische Drehstrom-Vollbahnlokomotive der Welt war die Baureihe 120 der DB. Weitere frühe Baureihen mit Drehstromtechnik waren die 127, 240. Dann folgten die ICE sowie die Loks der jüngsten Reihen 101, 145 und 152.

Übrig blieb vom „Erprobungsträger-Fahrzeug" nur ein Holzmodell – und die Erkenntnis, dass ein Hochgeschwindigkeitszug nur über Oberleitung und Stromabnehmer Energie beziehen sollte, während die Varianten Stromschiene, Lichtbogenübertragung und thermo-elektrische Bordaggregate ausschieden. Auch die Frage Triebzug oder lokbespannter Wagenzug war geklärt.

Erinnerungen von höchster Ebene

Reiner Maria Gohlke, Vorstandsvorsitzer der DB von 1983 – 1990, äußerte sich später in einem BAHN-EXTRA-Interview zur Entstehung des ICE: „Die Neubaustrecken wurden geplant und gebaut, ohne dass man genau gewusst hatte, was darauf fahren soll. Das Konzept der Bahn sah zunächst lokbespannte Züge mit maximal 200 km/h vor. Wir haben das analysiert und gesagt, das ist zuwenig, da haben wir keine Chance. Wir brauchen 250 oder mehr, wenn wir dem Flugzeug Paroli bieten wollen. Zudem hatten die Franzosen den TGV 1982 in Betrieb genommen, der hat mit 280 km/h eine ordentliche Vorgabe gemacht.

Durch Zufall entdeckten wir Herrn Rahn, der beim damaligen Bundesbahn Zentralamt mit Geldern vom Forschungsministerium einen Hochgeschwindigkeitszug entwickelt hatte. Dann haben wir sehr schnell entschieden, dass wir diesen Zug zur Basis für das künftige Hochgeschwindigkeitskonzept der Bahn machen. 1985 zum Jubiläum sollte der Zug der Öffentlichkeit vorgestellt werden und damit auch politisch durchgesetzt werden.

Der Zug hieß dann ICE, Intercity Experimental. Der Erfolg dieses Prototypen war so groß, dass wir das Kürzel unbedingt beibehalten wollten. Bei uns hieß der Zug dann IC-Europe. Heute fragt kein Mensch mehr, woher das ‚E' kommt."

Das Versuchsfahrzeug I

In den folgenden Jahren konnten im Rahmen der bereits angesprochenen systematischen und analytischen Grundlagenforschung die Kenntnisse zum Rad/Schiene-System erheblich vertieft und ein enormer Wissensschub erzielt werden. Von den Plänen zum „Erprobungsträger-Fahrzeug" war der Gedanke an ein Versuchsfahrzeug in finanzierbarem Rahmen übriggeblieben. Die

Die UmAn-Lok 202 003 „fährt" auf dem Rollprüfstand des Forschungs- und Technologiezentrums München (Foto: Rolf Roman Rossberg)

Die Versuche auf dem Rollprüfstand lieferten wertvolle Ergebnisse für die Endgeschwindigkeit der ICE-Züge (Foto: Uwe Miethe)

Überlegungen mündeten schließlich in einen Messwagen, mit dem wenigstens die theoretischen Erkenntnisse hinsichtlich der Laufwerkstechnik im Experiment überprüft werden konnten. Als Zwischenergebnis auf dem Weg zum InterCity Experimental entstand daher 1979 bei Krupp das „Versuchsfahrzeug 1".

Dieses antriebslose Fahrzeug mit zwei Drehgestellen, das auch mit dem umständlichen Namen „Fahrzeug/Fahrweg-Dynamik-Messwagen" bezeichnet wurde, diente Grundsatzversuchen im Zusammenwirken von Fahrzeug und Fahrweg. Zu Versuchszwecken konnte in der Wagenmitte wahlweise ein ein- oder zweiachsiges Versuchslaufwerk eingebaut werden, das für unterschiedliche Streckenzustände programmierbar war. Das VF 1, wie es abgekürzt bezeichnet wurde, kam als erstes vierachsiges Fahrzeug 1982 auf dem Rollprüfstand zur Erprobung und lieferte wertvolle Erkenntnisse für die Laufwerksforschung. Am 22. April 1982 wurde mit dem VF 1 ein „Geschwindigkeitsweltrekord" von 501 km/h auf dem Rollprüfstand „gefahren".

Das Versuchsfahrzeug 2

Fernziel blieb darüberhinaus natürlich ein Triebfahrzeug, mit dem die für einen sicheren Hochgeschwindigkeitsverkehr erforderlichen experimentellen Arbeiten durchgeführt werden konnten. Im Rahmen der Arbeiten der Rad/Schiene-Forschung wurde 1979 der Gedanke an ein Fahrzeug geboren, das nicht nur Versuchszwecken dienen sollte. Mit einem solchen „Rad/Schiene-Versuchs- und Demonstrationsfahrzeug" konnte gleichzeitig dem Hochgeschwindigkeitsverkehr wieder eine echte Perspektive gegeben werden.

Wie der Name schon deutlich macht, sollte es sich nicht mehr um ein reines Erprobungsfahrzeug handeln, sondern um einen Zug, der die Möglichkeiten im Schienenverkehr demonstrieren und neue Anwender- und Benutzeraspekte deutlich machen sollte. Ein Zug, der die Erkenntnisse der Forschung konsequent umsetzte und dadurch ein zusammenfassendes Beispiel für die erreichten bahntechnologischen Möglichkeiten ist. Nach einer Art Baukastenprinzip sollten aus allen Bereichen die besten Lösungen in diesem Zug vereinigt und mit den am weitesten entwickelten Komponenten die fortschrittlichste Variante erprobt werden.

Für dieses Fahrzeug wurden auf dem Rollprüfstand in München-Freimann unter anderem mit der Lokomotive 182 001, die mit Drehstrom-Asynchronfahrmotoren ausgerüstet worden war, und der UmAn-Lokomotive 202 003 umfangreiche Untersuchungen durchgeführt.

Die DB selbst hatte schon 1978 einen Anforderungskatalog für ein Hochgeschwindigkeitsfahrzeug mit 250 km/h Höchstgeschwindigkeit aufgestellt, das die Vorarbeiten, die einen Triebzug mit der aus der Lokomotive der Baureihe 120 abgeleiteten Modulleistung von 2,8 MW vorsahen, bestätigte. Auch das Bundesforschungsministerium (BMFT) zeigte sich an dem Fahrzeug interessiert und erteilte im Herbst 1979 den Auftrag, das ideale Fahrzeugkonzept für ein „Rad/Schiene-Versuchs- und Demonstrationsfahrzeug" (RS-VD) zu erarbeiteten. Das Fahrzeug sollte für Komponentenuntersuchungen eine Höchstgeschwindigkeit von 350 km/h erreichen. Die Leistung sollte bei dieser Geschwindigkeit auf 400 Personen je Zug ausgelegt sein.

Da die meisten Komponenten für dieses Versuchsfahrzeug 2 bereits im Rahmen des 1975 vorangetriebenen Projekts „Erprobungsträger-Fahrzeug" und der daran anschließenden theoretischen Arbeiten vertieft untersucht worden waren, sollten neben einer Aktualisierung der Entwürfe vor allem die Fragen der Fahrzeugkonfiguration, der Leistungsauslegung, der Hauptabmessungen und der wesentlichen Konzeptmerkmale geklärt werden. Die grundsätzliche Bereitschaft des BMFT, das Projekt zu fördern, beflügelte die Arbeiten an diesem Fahrzeug geradezu.

Im Rahmen einer so genannten Nutzwertanalyse kristallisierte sich in den folgenden fünf Monaten als Fahrzeug, das den Forderungen am besten entsprach, ein Triebzug mit oder ohne vierachsigen Booster (einem Wagen mit Antrieb) mit bis zu sechs Mess- und Demonstrationswagen heraus. Bereits im März 1980 wurde der Schlussbericht der Konzeptphase vorgelegt. Dieses Konzept wurde vom BMFT auch übernommen. Ein vorläufiger Zeitplan sah vor, das Fahrzeug bis Ende 1983 zu bauen, so dass es im 2. Quartal 1984 zum Einsatz kommen konnte.

Der nächste Schritt waren die Arbeiten zur Definition des Fahrzeugs, an deren Ende ein Lastenheft stehen sollte. In der Projektbeschreibung des BMFT hieß es hierzu: „Die Zusammenfassung der bisher erzielten Forschungs- und Entwicklungsergebnisse für einen zukunftsorientierten Fahrzeugsystementwurf soll demonstrieren, dass durch Ausschöpfung des technischen Entwicklungspotentials das Angebot im öffentlichen Schienenpersonenfernverkehr auf eine neue Entwicklungsstufe gehoben werden kann, wie sie durch eine auf isolierte Komponentenoptimierung bezogene Forschung allein nicht erreichbar ist. Es soll aufgezeigt werden, dass eine zukunftsweisende Technologie des Rad/Schiene-Systems realisierbar ist, wobei hinsichtlich des Energieverbrauches, des Materialeinsatzes und der Umweltbeeinflussung Verbesserungen gegenüber der herkömmlichen Technologie erwartet werden können."

Entsprechend der innovativen Zielsetzung des Fahrzeugs war vom BMFT die Auflage gemacht worden, dass auch solche Komponenten Verwendung finden sollten, die noch nicht uneingeschränkt im Netz der DB anwendbar waren, der Bahn jedoch neue Chancen erschließen konnten. Die Mittelwagen sollten als Einheitswagenkasten mit gleicher Tür- und Fensteranordnung, aber flexibler Innenaustattung in Modulbauform, gebaut werden, die eine leichte Austauschbarkeit der Inneneinrichtung gewährleistete. Zunächst war auch der Bau eines Servicewagens vorgesehen, der die Funktionen eines Speisewagens übernehmen sollte und in dem die Kommunikationsdienste zusammengefasst werden konnten. Außerdem sollten hier die Plätze für Behinderte eingebaut und ein Schnellrestaurant untergebracht werden, soweit die Fahrgäste nicht am Platz versorgt würden. Da sich für diesen Wagen aber keine Finanzierungsmöglichkeit fand, musste das Projekt aufgegeben werden.

Im März 1981 wurde das Lastenheft vorgelegt. Es sah einen symmetrischen Triebzug mit zwei gleichen Triebköpfen, einem Messwagen für den Versuchseinsatz sowie fünf Demonstrationswagen unterschiedlicher Zweckbestimmung und Innenausstattung vor. Die beiden Aufgabenstellungen – „Versuch" und „Demonstration" – werden im Lastenheft deutlich.

Im März 1981 schrieb das BMFT das RS-VD-Fahrzeug aus, d. h. es konnten für einzelne Komponenten Förderanträge gestellt werden. Die eingehenden Anträge lagen nach Einschätzung des BMFT aber in den Gesamtkosten weit über den bisherigen Schätzungen. Es gab den Firmen auf, die Kosten erheblich zu reduzieren und neue Anträge vorzulegen. Andernfalls könne die Förderung nicht als sichergestellt betrachtet werden. Die daraufhin neu eingereichten Anträge wurden von der DB geprüft und bewertet. Das BMFT schloss sich letztlich

Die UmAn-Lok

Um auch die DB von den Vorteilen der dieselelektrischen Kraftübertragung zu überzeugen, bauten Rheinstahl-Henschel und BBC bis 1973 drei Lokomotiven mit der Bezeichnung DE 2500. 1974 wurde die erste Maschine nach ausgiebigen Testfahrten durch die DB (als 202 002) in eine elektrische Lok umgebaut, um Erfahrungeng mit dem Drehstromantrieb zu gewinnen. Dieselmotor und Generator wurden durch Ballast ersetzt und die Stromversorgung über einen Steuerwagen mit Stromabnehmer und Transformator gesichert. Die Maschine 202 003 erhielt ab 1980 für Versuche im Hochgeschwindigkeitsverkehr einen geänderten Führerstand (ähnlich dem der Baureihe 103) und neu entwickelte Drehgestelle. Das vordere besaß eine steuerbare Umkopplung der Antriebsmassen (Fahrmotoren). Daher der Name UmAn-Lok. Bei höheren Geschwindigkeiten wurden die Motoren am Wagenkasten angelenkt. Dadurch konnten die ungefederten Massen reduziert und die Laufeigenschaften verbessert werden. Dieses Prinzip wurde für die ICE-Triebköpfe übernommen.

Die frühere Zweisystem-Lok 182 001 wurde 1977 von AEG in einen Erprobungsträger für Drehstromantrieb umgebaut (Foto: Malte Werning)

den Förderempfehlungen der DB an. Der Triebkopf sollte von einer aus den Firmen Krupp, Krauss-Maffei und Thyssen-Henschel bestehenden Arbeitsgemeinschaft in Stahlbauweise mit Höckerplatten gefertigt werden. Den Auftrag für die Zwischenwagen erhielt Messerschmidt-Bölkow-Blohm (MBB).

Gleichzeitig wies das BMFT auf die gespannte Haushaltslage hin und kündigte an, dass die Projektarbeiten Anfang 1982 „...in einem finanzierbaren Rahmen ... in Angriff genommen werden, damit das Projekt überhaupt beginnt..." Nach dieser Andeutung der kritischen Finanzierungslage des Projekts wurde im November dann deutlich, dass die Lösung der Finanzierungsfrage für ein nunmehr höchstens vierteiliges Fahrzeug nur im Rahmen einer finanziellen Beteiligung der Industrie und der DB gefunden werden könnte. Doch weder die DB noch die Industrie, die sich damals selbst in schwierigen wirtschaftlichen Situationen befanden, sahen sich in der Lage, einen finanziellen Beitrag zu leisten.

Um das Projekt nach den geleisteten Vorarbeiten und in Anbetracht des fortgeschrittenen Planungsstadiums nicht endgültig scheitern zu lassen, bemühten sich zunächst Bahn und Industrie darum, den Projektinhalt zu straffen und durch die Zurückstellung verschiedener Komponenten den Finanzbedarf zu verringern. Zunächst einigte man sich darauf, in einer ersten Ausbaustufe neben den beiden Triebköpfen nur einen Messwagen und einen Demonstrationswagen zu bauen. Die Ergänzung zum angestrebten achtteiligen Triebzug hätte dann später verwirklicht werden können.

Völlig überraschend entschied der Vorstand der DB im August 1982, sich an der Finanzierung des nunmehr als „InterCity-Experimental" bezeichneten Fahrzeugs zu beteiligen und auch geeignete Strecken für seinen Einsatz bereitzustellen. Daraufhin kündigte auch die Industrie ihre Bereitschaft zur Übernahme der Eigenleistungen an. Von den Gesamtkosten in Höhe von voraussichtlich 72 Millionen DM wollten das BMFT 44, die DB zwölf und die Industrie 16 Millionen DM tragen. Noch während des Triebzug-Baus beschloss die DB, auf eigene Kosten einen weiteren Mittelwagen fertigen zu lassen, der den Demonstrationscharakter im Hinblick auf die Einführung des Hochgeschwindigkeitsverkehrs im Jahr 1991 auf den Neubaustrecken noch unterstreichen sollte. So entstand der erste ICE als fünfteiliger Triebzug.

Kapitel 4:
InterCity Experimental

Kurzzeitig hielt der 1985 in Dienst gestellte InterCity Experimental den Geschwindigkeitsweltrekord für Schienenfahrzeuge: Mit dem Urahn der ICE-Familie absolvierte die DB zahllose Messfahrten auf den Neubaustrecken Stuttgart – Mannheim und Würzburg – Hannover, dabei erreichte er am 1. Mai 1988 eine Höchstgeschwindigkeit von 406,9 km/h (Foto: CWS)

Die Experimental-Triebköpfe spiegeln den Konstruktionsstand Ende 1983 wider (Foto: CWS)

Der ICExperimental ist kein Versuchsfahrzeug im herkömmlichen Sinne. Vielmehr hatte man in zahlreichen Versuchen bereits die optimalen Lösungen ermittelt. Mit den ausgereiften Komponenten wurde letztlich ein Fahrzeug gebaut, das auf dem jüngsten Stand der Fahrzeugtechnik beruhte – im wahrsten Sinne des Wortes also ein Demonstrationsfahrzeug war, das den aktuellen Stand der Forschung im Schienenfahrzeugbereich wiedergab. Mit dem ICExperimental wurden die gewonnenen theoretischen Erkenntnisse realisiert, die Komponenten auf ihre Praxistauglichkeit untersucht und das Zusammenspiel aller Komponenten ausgelotet, wie es nur im rauhen Alltagsbetrieb möglich ist.

Im Anschluss an die Klärung der Finanzierungsfragen im Spätsommer 1982 führte man zunächst die notwendigen Konstruktionsarbeiten durch, „fror“ nach 15 Monaten den Konstruktionsstand von Ende 1983 ein und begann mit dem Bau der Triebköpfe. Technische Weiterentwicklungen konnte und wollte man erst wieder nach einer ersten Erprobungsphase des Zuges berücksichtigen. Sowohl die Triebköpfe als auch die Mittelwagen entstanden in Arbeitsteilung zwischen verschiedenen Firmen. Die Führerstände wurden von Krauss-Maffei und die Seitenwände von Thyssen-Henschel geliefert, während das Fahrzeuguntergestell (Rahmen) bei Krupp entstand. Die Rohbauwagenkästen der Triebköpfe wurden bei Krupp in Essen zusammengeschweißt. Die Endmontage und Ausrüstung je eines Triebkopfs wurde bei Krupp (410 001/5566) und bei Thyssen (410 002/32850) vorgenommen. Die Federführung innerhalb des Konsortiums lag bei Krupp.

Erste Gehversuche der beiden IC Experimental-Triebköpfe ohne Mittelwagen (Foto: CWS)

Zwei der Mittelwagen baute MBB Donauwörth, der dritte Wagen wurde im Rohbau von Duewag in Krefeld-Uerdingen gefertigt und anschließend bei Linke-Hofmann-Busch in Salzgitter ausgerüstet und zur Endmontage und Abnahme nach Donauwörth überführt.

Die Gesamtkosten für den Bau des vierteiligen Zuges betrugen zum Schluss 94 Millionen DM, die nach dem bereits erwähnten Verteilerschlüssel zwischen dem BMFT, der DB und der Industrie aufgeteilt wurden. Der von der DB auf eigene Rechnung bestellte dritte Mittelwagen 810 002 kostete 4,6 Millionen DM.

Technik

Besondere Sorgfalt wurde der Aerodynamik des Zuges gewidmet, die sein Erscheinungsbild bestimmt. Der gesamte Zug erhielt eine glatte, kantenfreie Außenhaut mit bündigen Fenstern und Türen sowie versenkten Griffen und Handstangen. Gegenüber normalen

Testfahrt des kompletten IC Experimental-Zuges auf der Neubaustrecke Fulda – Würzburg (Foto: CWS)

Im März 1986 wird die Temperaturfestigkeit des ICE in der Wiener UIC-Klimakammer überprüft (Foto: Johannes Glöckner)

Fahrzeugen fallen die geringe Fahrzeughöhe und die 2930 mm breiten Mittelwagen auf. Die Breite der Wagen erzwang einen kürzeren Drehgestellabstand, um in engen Radien die Einhaltung der Fahrzeugbegrenzung zu gewährleisten. Die Mittelwagen sind daher nur 24,3 m lang.

Anstelle einer ausführlichen technischen Beschreibung sollen hier nur einige Besonderheiten des Triebzuges Erwähnung finden. Die beiden Triebköpfe sind mit einer unter dem Dach angeordneten, durchlaufenden 15-kV-Hochspannungsleitung verbunden, so dass mit nur einem angelegten Stromabnehmer gefahren werden kann. Dies hat seinen Grund darin, dass bei hohen Geschwindigkeiten die Oberleitung erheblich schwingt und bei nur drei Mittelwagen beim nachlaufenden Stromabnehmer kein sicherer Kontakt gewährleistet ist.

Mit nur 9,4 t wiegt ein Wagenkasten des ICE weniger als der Lokomotivrohbau der Baureihe 111. Erreicht wurde dies durch extremen Leichtbau. Der Lokkasten ist eine seitlich geschlossene, selbsttragende Zelle, die Geräte müssen über das Dach eingebaut werden. Der ICExperimental erhielt die schon bei der Baureihe 120 verwendete Drehstromleistungsübertragung.

Wegen des bei hohen Geschwindigkeiten sehr langen Bremswegs entschied man sich bei der Bremsanlage für eine Kombination aus generatorischer Bremse in den Triebköpfen und einer Wirbelstrom- und Scheibenbremse in den Triebköpfen und den Mittelwagen. Besonders von der haftwertunabhängigen Wirbelstrombremse versprach man sich in kritischen Situationen – feuchten Schienen oder bei Laubfall – hohe Bremsverzögerungen. Im Laufe der Versuche zeigte sich allerdings, dass die Wirbelstrombremse Signalschalteinrichtungen am Gleis beeinflusst, Anzugkräfte auf bewegliche Weichenteile ausübt und zur Erwärmung der Gleise führt. Daher wird sie nur für Schnellbremsungen und auf der Neubaustrecke verwendet, wo die elektrischen Streckeneinrichtungen entsprechend isoliert sind.

Die Fahrzeugzelle der Mittelwagen besteht aus Aluminium-Strangpressprofilen, so dass der Wagenkastenrohbau nur 6,5 t wiegt. Die besondere Eleganz des Zuges rührt ganz wesentlich von den außenhautbündigen, eingeklebten Seitenwandfenstern und Türen mit versenkten Griffen und Handstangen sowie den neuen Wagenübergängen her.

Zu den technischen Besonderheiten des Zuges zählen darüberhinaus das Fahrgast-

Übergang vom Triebkopf zum Mittelwagen (Foto: CWS)

Technische Daten:

Baureihenbezeichnung		410001/002
Indienststellung (1. Jahr)		1985
Hersteller		Henschel, KM, Krupp LHB, MBB, Duewag
Radsatzanordnung		Bo'Bo'
Länge Triebkopf (über Kupplung)	mm	20.810
Länge Mittelwagen (über Kupplung)	mm	24.340
Breite Triebkopf	mm	3.070
Breite Mittelwagen	mm	2.930
Höhe Triebkopf	mm	3.820
Höhe Mittelwagen	mm	3.650
Dienstmasse Triebkopf	t	78,2
Dienstmasse Mittelwagen	t	50,5/46,6/45,0
Stromsystem:		15 kV, 16 2/3 Hz
Anfahrzugkraft:	kN	2 x 135
Dauerleistung:	kW	2 x 3640
Höchstgeschwindigkeit	km/h	350
Sitzplätze		87

informationssystem und das Diagnosesystem. Mit dem Fahrgastinformationssystem werden dem Reisenden optische Informationen über Zuglauf, Zugnummer, Wagennummer, Sitzplatzreservierung, Ankunfts- und Abfahrtszeiten, Serviceleistungen, aktuelle Fahrgeschwindigkeit und Werbung vermittelt. In der ersten Klasse werden Kopfhörer für Rundfunk- und Kassettenprogramme angeboten.

Schaffnerrufanlage, Kabeltextsystem, Wertkartentelefon – in der ersten Klasse auch am Sitzplatz – und Videoprogramme in abgegrenzten Bereichen sowohl über Kassette als auch live über die im Triebkopfführerstand eingebaute Kamera, die dem Fahrgast den Lokführerblick auf die Strecke ermöglicht, ergänzen das Angebot.

Das zuginterne Diagnosesystem (DIAS) registriert bestimmte Daten und informiert zunächst den Triebfahrzeugführer automatisch oder auf Anfrage über aufgetretene Störungen und Fahrzeugzustände, wie zum Beispiel geöffnete oder geschlossene Türen. Durch das Erfassen der Daten aller Fahrzeugkomponenten ist nicht nur eine frühzeitige Information des Triebfahrzeugführers, sondern auch eine Vorausmeldung an den Werkstättendienst möglich. Eine Analyse der im Betrieb aufgezeichneten Daten lässt den Wartungsaufwand abschätzen, und durch die Vormeldung in das Bahnbetriebswerk ist auch die rasche Bereitstellung von Ersatzteilen und entsprechendem Fachpersonal möglich. Gleichzeitig kann die Zeitdauer der Wartung kalkuliert und rechtzeitig entschieden werden, ob eine Ersatzeinheit bereitgestellt werden muss.

Schon vor Fahrtantritt kann mit DIAS während des Aufrüstens des Zuges überprüft werden, ob sich alle Fahrzeugkomponenten in einwandfreiem Zustand befinden, so dass während der Fahrt nicht mit unliebsamen Überraschungen gerechnet werden muss. Für den Werkstättendienst ermöglicht DIAS den „Fahrzeugcheck" ohne aufwendige Zerlegearbeiten.

Einrichtung

Die beiden Triebköpfe sind prinzipiell baugleich. Die äußerlich identischen Mittelwagen unterschieden sich vor allem durch die Inneneinrichtung. Zwei Mittelwagen sind reine Demonstrationsfahrzeuge, einer davon ist nur für die erste, der andere für die erste und zweite Wagenklasse eingerichtet. Der dritte Wagen diente als Messwagen, dessen Messeinrichtung nach dem Abschluss der Versuchsprogramme ausgebaut werden konnte.

Detailansicht eines Trieb-Drehgestells des InterCity Experimental (Foto: Bernd Eisenschink)

Die aufwändige Konstruktion der Übergänge besaß nur der IC Experimental (Foto: CWS)

Um den Demonstrationscharakter des Zuges zu unterstreichen, wurde neben dem äußeren Erscheinungsbild besonderer Wert auf das Design der Fahrgasträume gelegt. Die Anforderungen an die Fahrzeuginneneinrichtungen waren

- ein innovatives, weit über den Standard hinausgehendes Design;
- variable Innenausstattung in vorgefertigten Modulen; in den Einzelelementen weitgehend baugleich für die unterschiedlichen Komfortstufen;
- schnelle Umrüstbarkeit zur raschen Anpassung an Marktänderungen und veränderte Gestaltungswünsche;
- erleichterte Reparatur und Wartung.

Zusammen mit den breiten Einstiegen, den modernen Wagenübergängen, den mit 1900 mm Breite und 650 mm Höhe bei kurzen Zwischenstegen sehr großen Fenstern, der Klimaanlage, der indirekten Beleuchtung und der geschlossenen Gepäckablage, einer hervorragenden Wärme- und Schalldämmung und dem Informationssystem konnte ein bis dahin unerreichtes Niveau der Innenausstattung realisiert werden.

Inbetriebnahme und Einsatz

Nach nur zwölf Monaten Bauzeit erfolgte am 19. März 1985 die Präsentation des Triebkopfs 410 001 bei Krupp. Am 28./29. März wurde der Triebkopf zum Ausbesserungswerk (AW) München-Freimann überführt, wo kurz darauf auch der in den ersten Apriltagen bei Henschel fertiggestellte 410 002 eintraf. Im AW Freimann begannen daraufhin die Arbeiten zur Inbetriebnahme der beiden noch nicht fahrtüchtigen Triebköpfe und die Standversuche.

Diese Arbeiten standen trotz der zeitgerechten Ablieferung der Triebköpfe durch die Industrie unter enormem Zeitdruck. Denn bereits während der Bauphase war im Jahr 1984 der 26. November 1985 als Datum für eine Rekordfahrt festgelegt und bekanntgegeben worden – der Preis für die Förderung des ICE mit öffentlichen Mitteln.

Die Inbetriebsetzung erfolgte in mehreren Schritten, nachdem die elektrische Ausrüstung, die teilweise schon während des Rohbaus bei den Waggonherstellern eingebaut worden war, im AW Freimann komplettiert worden war. Zunächst waren im Rahmen von Standversuchen der Steuer- und Leistungsteil zu prüfen. Daran schloss sich die Inbetriebnahme der Triebkopf-Steuerung an. Anschließend wurde die Bremssteuerung geprüft, bevor Ende Juni 1985 die ersten Probefahrten im AW bis 20 km/h erfolgten. Nach der Inbetriebnahme von Lichtleiter und Zugsteuerung wagte man sich zu Probefahrten bis 120 km/h auf den Münchner Nordring. Am 15. August traf der erste Mittelwagen in Freimann ein, und ab September wurden die Mittelwagen in den Zugverband integriert. Daraufhin folgten Fahrten bis 160 km/h und nach der Zulassung der Lauf- und Bremstechnik für 200 – 250 km/h sowie der LZB schließlich die Hochtastphase über 250 km/h Anfang Dezember 1985.

Am 4. Juli 1985 wurden die beiden Triebköpfe im AW Freimann erstmals der Presse vorgestellt und am 31. Juli konnten bei MBB in Donauwörth die drei Mittelwagen präsentiert werden.

Die komplette fünfteilige Garnitur war erstmals am 20. September 1985 auf dem Münchener Nordring unterwegs. Schwierigkeiten in der Phase während der Inbetriebnahme ergaben sich mit den Umrichtern und mit der Maschinenraumbelüftung, die bei den Vorserientriebköpfen allerdings nicht mehr beseitigt worden sind. Langwierige Einstellfahrten erforderte das Zusammenspiel von Zug- und Bremssteuerung.

Problematisch war auch die Störwirkung der Stromrichter auf die danebenliegenden Elektronikschränke, sowie Lichtleiter und Steuerungselemente. Die Probleme mit Störströmen an Schnittstellen löste man durch den Einbau eines Kupferblechs. Bei den Mittelwagen war die aus dem Flugzeugbau abgeleitete Klimaanlage eine der Schwachstellen.

Das Fahrzeug zählte zwar von Anfang an zum Betriebsbestand der DB – buchmäßig beheimatet beim Bw Frankfurt, zunächst aber betreut von den Zentralämtern München und Minden. Allerdings gilt es als Mietfahrzeug, weil das fremdfinanzierte Fahrzeug der DB von den Finanzierungspartnern nur zum Betrieb überlassen wurde.

Am 9. Oktober wurde schließlich die auf sechs Monate befristete vorläufige Betriebszulassung bis 300 km/h erteilt und damit das gesetzte Ziel erreicht. Nun konnten die noch zur Inbetriebnahme zählenden Versuchsfahrten aufgenommen werden, deren Ziel es war, die technischen Einrichtungen noch so weit wie möglich zu optimieren. Das waren zunächst Störstrom-Messfahrten zwischen Straßkirchen und Straubing an der Strecke Regensburg – Passau. Danach folgte die versuchstechnische Vorbereitung der Rekordfahrt auf dem Streckenabschnitt Gütersloh – Neubeckum, wo zwischen Oelde und Neubeckum Geschwindigkeiten von 300 km/h möglich waren, und Bogenlauf-

Der IC Experimental trifft auf den Nachbau der ersten Lokomotive Deutschlands (Foto: Helmut Säuberlich)

Auch auf ausgebauten Altstrecken fährt der ICE-V, hier bei Porta Westfalica (Foto: Dietmar Beckmann)

untersuchungen auf dem kurvenreichen Abschnitt zwischen Steinheim und Springe (Altenbeken – Hannover).

Am 14. November 1985 wurde im Rahmen der Hochtastfahrten zur Rekordfahrt, bei denen man die Geschwindigkeit in Schritten von 10 km/h steigerte, erstmals die 300-km/h-Marke überschritten. Am Vormittag des 26. November 1985 startete der ICExperimental in Bielefeld schließlich zur lange geplanten Rekordfahrt, bei der der Triebzug 317 km/h erreichte und damit knapp unter der am 19. November erzielten Geschwindigkeit von 324 km/h blieb. Dennoch wurde damit offiziell ein neuer Weltrekord für Schienenfahrzeuge mit Drehstromantrieb aufgestellt.

An diese Rekordfahrt schloss sich eine Rundreise des Zuges durch die Bundesrepublik Deutschland an, die den Vergleich zu den Fahrten des Schienenzeppelins Anfang der dreißiger Jahre herausfordert. Diese Vorstellungstournee führte den Rekordzug im November und Dezember in über vierzig deutsche Städte. Die Höhepunkte dieser Reise waren die Begegnungen mit dem „Adler" am 6. Dezember 1985 in Fürth und in Herford, sowie die Vorstellung in einer Fernsehsendung des ZDF zum 150. Geburtstag der Eisenbahn in Deutschland am 7. Dezember 1985 im AW Nürnberg.

An die Demonstrationsfahrten schloss sich eine weitere Versuchsphase an. Schwerpunkte der Prüfung der Einzelkomponenten lagen anfangs auf der Lauf- und Bremstechnik, der Optimierung der Antriebstechnik und der Überprüfung der Druckdichtigkeit und der Energieübertragung, um baldmöglichst Aussagen für die Serienzüge zu gewinnen, wobei die Erprobung und Optimierung der Komponenten wesentlicher Bestandteil der Versuche war.

Unter anderem wurde der ICExperimental in der Klimakammer der UIC in Wien-Arsenal extremen Witterungsbedingungen unterzogen und auf dem Rollprüfstand in München-Freimann getestet, wo er im März 1986 eine „Geschwindigkeit" von 385 km/h erreichte. Nachdem die Streckenversuchsfahrten anfangs zwischen Gütersloh und Neubeckum abgewickelt worden waren, stand ab August 1986 der 28 km lange Neubaustreckenabschnitt Burgsinn – Hohe Wart zur Verfügung und ab 1987 der etwas längere Neubaustreckenabschnitt Mannheim – Graben-Neudorf. Im Rahmen dieser Versuchsreihe erreichte der ICE bei einer weiteren Rekordfahrt am 17. November 1986 immerhin 345 km/h.

Wenig bekannt sind die Versuchsfahrten mit dem TGV, die vom 4. bis 7. Oktober 1988 auf der Neubaustrecke Paris – Lyon stattfanden und bei denen der dreiteilige ICExperimental im Schlepp eines TGV eine Geschwindigkeit von 280 km/h erreichte.

Verschiedentlich war der ICExperimental auch im Ausland zu beobachten, so etwa am 3. und 4. Mai 1986 in Straßburg, in Lüttich (Belgien), wo der ICExperimental anlässlich des Jubiläums 150 Jahre Eisenbahn in der Provinz Lüttich am 17. Juni 1988 einen TGV-A traf. Im Januar 1987 unternahm der Triebzug eine Rundreise durch die Schweiz und nochmals zum 100-jährigen Jubiläum der Rhätischen Bahn. Zum 150-jährigen Jubiläum der Eisenbahn in Österreich war der ICE am 2. Oktober 1987 in Wien ausgestellt.

Einmalig waren die Fahrten des ICExperimental zwischen Hamburg und Bremen anlässlich der IVA in Hamburg im Juni 1988, bei denen der Triebzug auf dem dreigleisigen Abschnitt zwischen Buchholz und Rotenburg mit 250 km/h den planmäßig mit 200 km/h verkehrenden IC-Zug überholte, den er zuvor in Buchholz an sich hatte vorbeifahren lassen. Auch die Eröffnung des Neubaustreckenabschnitts Würzburg –

Fulda am 27. Mai 1988 erfolgte mit dem ICExperimental.

Ein Höhepunkt war die Mitfahrt von Michail Gorbatschow im ICE. Der sowjetische Staats- und Parteichef wollte während seines Staatsbesuchs in der Bundesrepublik Deutschland in Dortmund die Stahlwerke Hoesch besuchen. Für die Fahrt von Bonn nach Dortmund am 15. Juni 1989 nutzte er die Gelegenheit, den deutschen Paradezug kennenzulernen.

Der Höhepunkt der Karriere der ICE-Züge ist jedoch unbestritten die Weltrekordfahrt. Seit 1955 lag der Geschwindigkeitsweltrekord für Schienenfahrzeuge, das „Blaue Band der Schiene", ununterbrochen bei der SNCF, die 1981 den 25 Jahre alten Rekord mit dem TGV Nummer 16 von 333 auf 380 km/h angehoben hatten. Auf der Neubaustrecke Würzburg – Fulda erreichte der ICExperimental am 1. Mai 1988 Ende des Einmalbergtunnels auf Kilometer 287,956 exakt um 11:12 Uhr die Geschwindigkeit von 406,9 km/h. Das war Weltrekord – erstmals in der Geschichte der Eisenbahn hatte ein Schienenfahrzeug die 400-km/h-Marke überschritten.

Die nicht unbeträchtlichen Kosten der Rekordfahrt rührten in erster Linie von der Oberleitung her, die zuvor gegen einen besonders überprüften, absolut fehlerfreien Fahrdraht ausgetauscht worden war, während am Fahrzeug selbst nur geringfügige Arbeiten vorgenommen worden waren.

Neben dem Prestigegewinn war der Nachweis einer ausreichenden Sicherheitsreserve für den planmäßigen Verkehr mit 250 km/h der einzige wirklich greifbare Gewinn der Rekordfahrt.

Die Freude über den Weltrekord war allerdings nicht von langer Dauer, denn bereits am 5. Dezember 1989 brach ein TGV-A mit 482,4 km/h den deutschen Rekord und stellte am 9. Mai 1990 mit 510,6 km/h und nur neun Tage später mit 515,3 km/h neue Geschwindigkeitsweltrekorde für Schienenfahrzeuge auf, die für deutsche Verhältnisse ein Traum bleiben mussten.

Nach und nach musste der ICExperimental hinter den Serienzügen zurücktreten und geriet langsam in Vergessenheit. Unauffällig war er noch auf Messfahrten anzutreffen und wurde gelegentlich für Vorführzwecke eingesetzt. So war die Abnahme der Neubaustrecken nochmals eine wichtige Aufgabe des ICExperimental, der zu diesem Zweck eine neue Messausrüstung erhalten hatte.

Zuletzt wurden seine Bugpartien noch umgebaut, um die Technik der automatisch ein- und ausklappbaren Mittelpufferkupplung für den ICE 2 zu erproben. In Zukunft sollen die Mess- und Probefahrten mit einem speziell dafür angepassten Kurzzug des ICE 2, dem ICE-S, absolviert werden.

Inzwischen ist der ICExperimental, der noch immer als Eigentum der Hersteller gilt, von der Deutschen Bahn außer Dienst gestellt. Ein Triebkopf befindet sich zusammen mit einem Mittelwagen im Forschungs- und Technologie-Zentrum (FTZ) Minden. Der andere Triebkopf und ein weiterer Mittelwagen stehen beim FTZ München. Sie sind für die Sammlung des Deutschen Museums, die auf dem ehemaligen Münchener Messegelände an der Theresienwiese ausgestellt werden soll, vorgesehen. Der dritte Mittelwagen befindet sich auf dem Werksgelände der Siemens Verkehrstechnik in Erlangen und soll später die Sammlung des Verkehrsmuseums Nürnberg bereichern.

Der Schienenzeppelin

Foto: Slg. Alfred B. Gottwaldt

Zusammen mit der Deutschen Versuchsanstalt für Luftfahrt unternahm Franz Kruckenberg ab 1928 Versuche mit propellergetriebenen Eisenbahnwagen. 1930 stellte Kruckenberg den als „Schienenzeppelin" bekannt gewordenen zweiachsigen Propellertriebwagen vor. Das Fahrzeug war 25,4 Meter lang, 18,6 Tonnen und wurde von einem BMW-Flugzeugmotor mit Propeller angetrieben. Am 21. Juni 1931 fuhr der Schienenzeppelin auf der Strecke Berlin – Hamburg einen Geschwindigkeitsrekord: 230 km/h Spitzengeschwindigkeit erreichte der Propellerzug zwischen Karstädt und Dergenthin. Allerdings wurde die allgemeine Euphorie bald gebremst, als sich herausstellte, dass die durch den Propeller am Heck des Triebwagens verursachten Luftwirbel für erhebliche Probleme rechts und links der Strecke sorgten. Von dem populären Triebwagen blieb allein die Leichtbauweise. Die wandte Kruckenberg später in einem dreiteiligen, dieselhydraulisch angrtriebenen Triebwagen an. Diese Stromlinienförmige Bauart „Kruckenberg" gilt als Vorbild für die in den fünfziger Jahren entwickelten Triebzüge der Baureihe VT 11.5.

Kapitel 3:

Der Zug der Zukunft: ICE 1

Nördlicher Wendepunkt der ersten fahrplanmäßigen ICE-Linie ist Hamburg. Dort überfährt im Februar 1994 ein ICE der ersten Serie die Oberhafenbrücke. München ist von hier aus nur noch rund sechs Stunden entfernt (Foto: Wolfgang Klee)

Als „Main-Kurier" erobert der ICE auch das nur langsam befahrbare Rheintal (Foto: Georg Wagner)

Das Lastenheft für die serienmäßigen Hochgeschwindingkeits-Triebzüge wurde im Dezember 1985 vorgelegt. Es legte die wichtigsten Leistungsdaten und Anforderungen des neuen Zuges fest:

- Hochwertige Innengestaltung mit verbesserter Schalldämmung und Klimaanlage
- Fahrgastinformationssystem
- Breite und bequeme Einstiege
- Verbreiterung der Wagenquerschnitte für höheren Komfort
- Neues Gastronomiekonzept
- Betriebliche Behandlung des Zuges als Einheit (z. B. für die Instandhaltung)
- Höchstgeschwindigkeit 250 km/h, lauf- und bremstechnische Auslegung bis zu 280 km/h

Diese grundsätzlichen Forderungen mussten nun im Detail ausgearbeitet werden, dazu flossen Versuchsergebnisse des ICExperimental in das Lastenheft mit ein. Es folgte eine rund zweijährige Phase, in der zwischen der DB und den Herstellern über einzelne Punkte des

Lastenheftes und über die entsprechenden Kosten verhandelt wurde. Im Mai 1987 bildete sich je ein Firmenkonsortium für den elektrischen (AEG, ABB, Siemens) und den mechanischen Teil (Krauss-Maffei, Krupp, Thyssen-Henschel), wobei Siemens für den E-Teil und Krupp für den Mechan-Teil federführend fungierte. Die Auftragsverhandlungen für die Triebköpfe konnten im Herbst 1987 weitgehend abgeschlossen werden, so dass sogleich die Produktion in den Werken bei Krupp/Essen, Thyssen-Henschel/Kassel und Krauss-Maffei/München-Allach eingeleitet werden konnte.

Die erste Serie von 41 ICE-Zügen stellte einen Lieferauftrag der DB an die Industrie in Höhe von 2,1 Milliarden DM dar. Die

Kosten für jeden der 82 Triebköpfe betrugen etwa 8,7 Millionen DM, für die Wagen der ersten und zweiten Klasse je 2,7 Millionen DM, für den Speisewagen („Bord-Restaurant") vier Millionen und für den Servicewagen drei Millionen DM. Weitere 19 Züge mit einem Auftragswert von etwa 900 Millionen DM kamen ab 1993 zum Einsatz und waren zunächst für die IC-Linie von Hamburg nach Basel vorgesehen.

Mechanischer Teil

Der InterCityExpress besteht als Triebkopfzug aus zwei Triebköpfen und maximal 14 Mittelwagen, die betrieblich als feste Einheit behandelt werden. Das Konzept des Vorläuferzuges ICExperimental wurde bei den Serien-Triebköpfen weitgehend beibehalten

Der Roll-out des ersten Serientriebkopfes 401 001 in München als Medienereignis (Foto: Brian Rampp)

Bild links: Am 27. April 1997 ist die Fahrt eines ICE über die Berliner Stadtbahn noch ungewohnt (Foto: Bodo Schulz)

Bild rechts: Nur in Notfällen kann der ICE 1 mittels einer Notkupplung und passendem Übergangsstück mit anderen Fahrzeugen mechanisch verbunden werden (Foto: Jürgen Hörstel)

und nur in einigen Punkten den geänderten Anforderungen angepasst.

Ausgehend von 14 Mittelwagen und einer Höchstgeschwindigkeit von 280 km/h musste die Dauerleistung des Triebzuges gegenüber den ICE-V auf 2 x 4,8 MW angehoben werden. Alle Bauteile waren – anders als beim ICExperimental – auf Dauerbelastung zu dimensionieren, wodurch bei Trafo, Stromrichter und Fahrmotoren eine Gewichtszunahme von 2,8 t zu verzeichnen war. Mit neuen Bauteilen der Leistungselektronik (GTO-Stromrichter) wurde die zweite ICE-Bauserie ausgestattet.

Neu sind weiterhin die (schon beim Vorläufer-Triebkopf 410 002 erprobte) Digitaltechnik für die Antriebssteuerung, der vereinfachte Übergang zum Mittelwagen, der vergrößerte druckdichte und vollklimatisierte Führerstand und das komplexe Diagnose-System des Triebzuges, das eine Schadensvormeldung an die Werkstatt über Datenfernübertragung ermöglicht.

Durch eine optimale Aerodynamik war im wesentlichen die äußere Gestalt der Triebköpfe bestimmt worden. Dadurch sollten sowohl der Leistungsbedarf durch geringeren Luftwiderstand als auch die Schallabstrahlung bei hohen Geschwindigkeiten minimiert werden. Querschnitt und Kopfform wurden daher gegenüber dem ICExperimental noch leicht verändert.

Der Fahrzeugkasten der Triebköpfe wurde als selbsttragende, geschweißte Konstruktion in Stahlleichtbauweise ausgeführt. Im Gegensatz zur Höckerplattenbauweise beim ICExperimental und der Ellok-Baureihe 120 wurden beim ICE-Serientriebkopf glatte Bleche mit Profilversteifungen ver-

Südlich von Würzburg fahren Züge der Nord-Süd-Verbindung über die konventionelle Strecke im Altmühltal (Foto: Bodo Schulz)

Der Dauereinsatz im schnellen Reiseverkehr hinterlässt unübersehbar Spuren auf der Stirnpartie dieses ICE-2-Zuges im Münchener Hauptbahnhof (Foto: Bernd Eisenschink)

wendet. Zur Gewichtseinsparung und wegen ihrer Form sind die Seitenschürzen und die Bugspitze, unter der sich die Notkupplung zum Abschleppen befindet, aus glasfaserverstärktem Kunststoff (GFK) gefertigt. Modernste Berechnungsverfahren bei der Festigkeitsauslegung (Finite-Elemente-Methode) ermöglichten beim Fahrzeugkasten insgesamt eine Gewichtseinsparung von etwa 15 Prozent gegenüber herkömmlichen elektrischen Lokomotiven.

Die für den ICExperimental neu entwickelten Drehgestelle wurden nahezu unverändert übernommen; nur die Zahl der Bremsscheiben pro Radsatz wurde von drei auf zwei verringert, da durch die Mittelwagen genügend Bremsleistung zur Verfügung gestellt werden kann. Zur Schonung des Oberbaus kommt auch hier das „UmAn“-Prinzip mit möglichst geringen unabgefederten Massen zur Anwendung: unabhängig von den Bewegungen der Drehgestelle sind Fahrmotor, Getriebe und die Bremshohlwelle in einem besonderen Rahmen direkt am Untergestell des Fahrzeugkastens aufgehängt.

Jeder ICE-1-Triebkopf besitzt zwei unabhängige, auf Mikroprozessorbasis gesteuerte Bremssysteme: im Regelfall wird die elektrische Netzbremse, die Energie an die Fahrleitung zurückgibt, eingesetzt; nur bei zusätzlichem Bremskraftbedarf und beim Halten kommt die mechanische Bremse in Form einer pneumatischen Scheibenbremse hinzu. Die beim ICExperimental erprobte Wirbelstrombremse wurde wegen der seinerzeit noch nicht endgültig geklärten Probleme (Beeinflussung von Signalanlagen und Schienenerwärmung) beim Serien-Triebkopf nicht eingebaut.

Der anspruchsvolle außenhautbündige Übergang zwischen Triebkopf und Mittelwagen, wie er beim ICExperimental vorhanden war, wurde aus Kostengründen beim Serien-Triebkopf zugunsten eines Doppel-

Rund 100 Meter über den Wassern der Fulda rauschen die ICE bei Morchen auf der Strecke Hannover – Würzburg dahin (Foto: Wolfgang Klee)

wellenbalges aufgegeben. Zur Verbesserung der Aerodynamik wurden bei den Übergängen an den Wagenenden Gummiprofile montiert, die eine Strömungslücke zwischen den Fahrzeugkästen vermeiden. Sie sind jedoch später wieder entfernt worden.

Die Stromabnehmer des Prototyps wurden für den Serien-ICE weiterentwickelt: konsequenter Leichtbau mit einzeln federnder Aufhängung der Schleifstücke und eine auf die Aerodynamik abgestimmte Formgebung des Einholm-Stromabnehmers DSA 350 gewährleisten hervorragende Eigenschaften bis hin zu höchsten Geschwindigkeiten. Ein zweiter Stromabnehmer mit schmaler Wippe für den Betrieb in der Schweiz wurde bei einigen Triebköpfen der ersten Serie versuchsweise sowie bei Triebköpfen der zweiten Serie montiert. Auf eine durchgehende Hochspannungsleitung durch den Zug wurde beim ICE 1 verzichtet, da Versuchsfahrten ergeben hatten, dass bei mindestens sieben Mittelwagen die Stromabnehmer beider Triebköpfe angelegt werden können, ohne an der Fahrleitung Schwingungsprobleme hervorzurufen.

Die frontseitige Notkupplung entspricht der des ICExperimental; die Mittelpufferkupplung wurde als halbautomatische Kupplung ausgeführt, bei der sich Lichtwellenleiter und Luftleitungen automatisch kuppeln, die mechanische Verbindung jedoch mittels Schraubbolzen hergestellt werden muss.

Elektrischer Teil

Die Triebköpfe besitzen eine moderne elektrische Antriebsausrüstung mit Drehstrom-Asynchronfahrmotoren, deren Leistung gegenüber dem ICExperimental leicht gesteigert wurde. Aus aerodynamischen Gründen wurde die Hochspannungsausrüstung in den Maschinenraum verlegt, der ölgekühlte

Triebdrehgestell des ICE 1 vor dem Einbau (Foto: Jürgen Hörstel)

Haupttransformator wurde unterflur in Fahrzeugmitte angeordnet. Er wandelt die Eingangsspannung von 15 kV über vier Traktionswicklungen auf 1430 V um, über zwei Wicklungen zur Versorgung der Hilfsbetriebe auf 200 und 885 V sowie einmal für die Zugsammelschiene auf 1000 V. Je eine Traktionswicklung speist einen Eingangsstromrichter, einen so genannten Vierquadrantensteller, der die Spannung von 16 $^2/_3$ Hz gleichrichtet. Jeweils zwei Vierquadrantenstellern ist ein Zwischenspannungskreis mit konstanten 2800 V nachgeordnet, an den wiederum zwei Wechselrichter angeschlossen sind, die den Drehstrom mit variabler Frequenz und Spannung zur Versorgung der Fahrmotoren erzeugen.

Die zweite ICE-1-Triebkopfserie (401 051-090/551-590) wurde mit neuen Komponenten des Drehstromantriebs, Wechselrichtern mit so genannten GTO-Thyristoren (GTO = gate-turn-off), ausgerüstet.

Technische Daten:

Baureihenbezeichnung		401	Höhe Mittelwagen	mm	3.840
Indienststellung (1. Jahr)		1989	Dienstmasse Triebkopf	t	80,4/78*
Hersteller Triebkopf		KM, Henschel, Krupp, AEG, ABB, Siemens	Dienstmasse Mittelwagen	t	51,8 – 58,2
			Stromsystem:		15 kV, 16 2/3 Hz
Hersteller Mittelwagen		Düwag, WU, LHB, MAN, MBB	Anfahrzugkraft:	kN	2 x 200
Radsatzanordnung:		Bo'Bo' + 2'2'+...+Bo'Bo'	Dauerleistung:	kW	2 x 4800
Länge Triebkopf (über Kupplung)	mm	20.560	Höchstgeschwindigkeit	km/h	280
			Sitzplätze Avmz 801		48
Länge Mittelwagen (über Kupplung)	mm	20.400	Sitzplätze Bvmz 802		66
			Sitzplätze BSmz 803		43
Breite Triebkopf	mm	3.070	Sitzplätze WRmz 804		24+16
Breite Mittelwagen	mm	3.020			
Höhe Triebkopf	mm	3.840			

*) Triebköpfe mit GTO-Thyristoren

Auf der Geislinger Steige muss sich auch der ICE mit gemächlichem Tempo begnügen (Foto: Martin Wehmeyer)

Weitere elektronische Systeme sind für die Bremssteuerung, den Gleitschutz, die Weg- und Geschwindigkeitsmessung sowie für das Diagnosesystem zuständig. Letzteres sammelt Diagnose- und Störungsmeldungen aller Fahrzeuge, zeigt sie ggf. dem Triebfahrzeugführer an oder speichert sie für den Abruf durch den Werkstattdienst. Zwei eigene Datenstationen koordinieren den Datenaustausch über die beiden Lichtwellenleiterstrecken, die jeweils aus zwei Glasfaserkabeln mit 3,2 mm Durchmesser zum Senden und Empfangen bestehen. Eine

Steuerung

Die Steuerung und Überwachung aller Funktionen des ICE 1 erfolgen durch mehrere elektronische Systeme, die in einer bestimmten Hierarchie aufgebaut sind. Beide Triebköpfe sind durch zwei Lichtwellenleiter datentechnisch miteinander verbunden. Von den in jedem Triebkopf vorhandenen beiden Zugsteuergeräten (ZSG) ist jeweils eines aktiv, während das andere als Reserve dient. Das ZSG des führenden Triebkopfs ist allen anderen Systemen übergeordnet.

Die vom Triebfahrzeugführer vorgegebenen Fahr- oder Bremsbefehle werden von der Zugsteuerung an die Antriebssteuergeräte weitergeleitet, die die Steuerimpulse für die Thyristoren in den Stromrichtern erzeugen. Gleichzeitig sorgt die Maschinenregelung dafür, dass die Motoren jeder Antriebsanlage (d. h. jedes Drehgestells) optimal angesteuert werden.

Die Berliner Mauer bei Steinstücken ist verschwunden. An ihrer Stelle schirmen jetzt Schallschutzwände den ICE ab (Foto: Bodo Schulz)

Die Übergänge im ICE 1 unterscheiden sich deutlich von denen des Experimentalzuges, wie diese Ansicht des Rohbaus zeigt (Foto: Johannes Glöckner)

Innenansicht des Wagenkastens eines ICE-Mittelwagens im Rohbau (Foto: Johannes Glöckner)

Leitung verbindet direkt die Triebköpfe, an die andere sind die Zentraleinheiten der Mittelwagen angeschlossen.

Als wesentliche Neuerung im Führerstand, der aus dem Einheitsführerstand der Baureihen 111 und 120 abgeleitet wurde, sind zwei Bildschirme im Sichtbereich des Triebfahrzeugführers zu nennen. Diese Displays sind links und rechts des „Modularen Führerraumanzeigegeräts" (MFA) für die LZB installiert und dienen zur Anzeige von Betriebszuständen und Störungen. Standardmäßig werden die Fahrdrahtspannung und der Druck in der Hauptluftleitung angezeigt. Über Funktionstasten kann der Triebfahrzeugführer jedoch weitere Informationen abrufen.

Wenn der Zug nach einem Einsatz abgestellt wird, bleiben etliche Systeme in Betrieb, d. h. der Zug wird „aufgerüstet" abgestellt. Der Triebfahrzeugführer gibt lediglich am linken Display den nächsten Einsatz (Datum und Zugnummer) ein. Während der Ruhezeit schalten sich bestimmte Verbraucher ab. Die Batterieladegeräte sind jedoch eingeschaltet, das Brauch- und Abwasser wird frostfrei gehalten, und durch die Vorklimatisierung wird die gewünschte Raumtemperatur für die nächste Zugfahrt eingehalten. Rechtzeitig vor dem Einsatz wird automatisch eine Bremsprobe durchgeführt, deren Ergebnis dem Triebfahrzeugführer auf dem Display angezeigt wird. Der Zug ist dann sofort wieder einsatzbereit. Gesteuert und überwacht werden diese Funktionen von dem Rechnersystem DAVID (Diagnose-, Aufrüst- und Vorbereitungsdienst mit integrierter Displaysteuerung).

Zwei weitere Unterschiede zu bisherigen Triebfahrzeugen gibt es im ICE-Führerstand: für die Bremse ist nur noch ein Bedienhebel vorhanden, mit dem Bremsbefehle an die Bremssteuerung gegeben werden, die wiederum je nach Situation die elektrische oder die Druckluftbremse anspricht. Außerdem wurden verschiedene bisher übliche akustische Signale im Führerstand durch eine synthetische Sprachausgabe ersetzt, die den Triebfahrzeugführer mit Worten wie „Notbremse", „Zwangsbremsung", „Sifa", „Störung" über das Ansprechen vorhandener Sicherheitseinrichtungen informiert.

Bauablauf

Der Bau der Triebköpfe durch die Konsortien für den mechanischen Teil (Krauss-Maffei, Krupp, Thyssen-Henschel) und für den elektrischen Teil (ABB, AEG, Siemens) setzte

Ein fertig gestellter ICE 1-Mittelwagen (Foto: Johannes Glöckner)

Der ICE ist ein Gemeinschaftsprodukt der deutschen Schienenfahrzeugindustrie – die Anschriften beweisen es (Foto: Johannes Glöckner)

die jahrelange Zusammenarbeit der deutschen Lokomotivhersteller fort. Um eine möglichst wirtschaftliche Produktion durch höhere Stückzahlen zu erreichen, wurde die Fertigung der einzelnen Komponenten arbeitsteilig durchgeführt, d. h. jeder Hersteller fertigte bestimmte Bauteile für die gesamte Serie und lieferte diese zum Einbau an die anderen Lokfirmen. Die Endmontage der ersten 82 Triebköpfe erfolgte zu fast gleichen Teilen in den Werken bei Krupp (28 Triebköpfe), Krauss-Maffei (27) und Thyssen-Henschel (27). Nach der Auslieferung aller 60 Triebzüge entfielen auf jeden Hersteller 40 Triebköpfe.

Die Fertigung der Baugruppen wurde wie folgt aufgeteilt:

Krauss-Maffei: Rohbauten der Führerhäuser, Zusammenbau der Rohbaukästen, Führertische, Antriebsteile;

Krupp: Untergestelle (Rahmen), Gerüste, Bremstraversen, Bremshohlwellen, Radsätze;

Thyssen-Henschel: Seitenwände, Dächer, Drehgestellrahmen, Montage der Drehgestelle.

Weniger ausgeprägt war die Arbeitsteilung beim elektrischen Teil: die Stromrichter wurden von allen drei Herstellern ABB, AEG und Siemens geliefert, die Fahrmotoren von AEG und Siemens, die Transformatoren von ABB und Siemens.

Der Bau eines einzelnen Triebkopfs erstreckte sich in der „eingespielten" Fertigung über etwa 18 bis 20 Monate. Am Anfang der verschiedenen, z. T. parallel verlaufenden Fertigungsgänge stand das Erstellen der Arbeitspläne sowie die Personal- und Materialdisposition. Nach dem Zuschnitt der Bleche und Profile begann die Fertigung einzelner Baugruppen (Lang- und Querträger, Kupplungsquerträger, Gerüstuntersätze etc.). Rund drei Monate wurden dann für den Zusammenbau der Baugruppen benötigt, bis das Untergestell bei Krupp fertig zum Versand an Krauss-Maffei bereitstand.

Etwa zeitgleich mit Beginn der Baugruppenfertigung bei Krupp waren inzwischen parallel dazu die Seitenwände bei Thyssen-Henschel und die Führerhäuser bei Krauss-Maffei hergestellt worden.

Die von Krupp gefertigten Untergestelle wurden dann zusammen mit den Seitenwänden und Dächern (von Thyssen-Henschel) bei Krauss-Maffei in München mit den Führerhäusern ergänzt und in etwa sechs Wochen zu kompletten Rohbaukästen zusammengebaut. Durchschnittlich jede Woche wurde ein solcher Rohbau fertiggestellt, um dann im Wechsel zur Endmontage nach Kassel oder Essen auf die Reise

Mit den fertig gestellten Triebköpfen führte die DB zahlreiche Test- und Abnahmefahrten durch. An Stelle der noch nicht fertiggestellten Mittelwagen liefen herkömmliche Reisezugwagen zwischen den beiden Triebköpfen. Bei dieser Messfahrt am 27. August 1990 ergänzte zusätzlich ein Messwagen und eine Vorserienlok der Baureihe 120 die illustre Garnitur (Foto: Bernd Eisenschink)

Im März 1991 ist das Ausbesserungswerk Opladen mit der Abnahme der ICE-1-Triebköpfe beschäftigt (Foto: Joachim Bügel)

Ihre Abnahmefahrten absolvieren zwei Triebköpfe im Mai 1990 vor herkömmlichen D-Zug-Wagen (Foto: Dieter Lindenblatt)

Am 19. Juni 1993 wird in Bremerhaven eine komplette ICE-Garnitur verladen und für Amtrak-Testfahrten in die USA verschifft (Foto: Jürgen Hörstel)

Eine weitere Vorstellungsreise führt den ICE 1994 nach Korea. Auch dorthin geht es per Schiff (Foto: Siemens)

geschickt zu werden oder im Werk von Krauss-Maffei zu verbleiben. Danach wurde der mechanische Teil in etwa zwei Monaten komplettiert: Innenanstrich und Schallschluckmaßnahmen, Verlegung von Rohren und Kabelkanälen, Bremsanlage, Vorbereitung für den Innenausbau des Führerraums und den Einbau des Führertisches.

Die E-Firmen nahmen anschließend die elektrische Ausrüstung des Triebkopfs vor (Kabelverlegung, Geräteeinbau, Transformator, Stromrichter, Führertischgeräte, Stromabnehmer etc.). Erst danach erfolgte das Aufsetzen auf die Drehgestelle sowie die weitere Komplettierung (Restarbeiten am mechanischen Teil, Scheibeneinbau, endgültiger Führerraumausbau, Führertisch, Fahrersitze etc.). Nach der Außenlackierung folgte die etwa vierwöchige Leitungsprüfung durch die E-Firmen und schließlich die Übergabe an das Ausbesserungswerk Opladen, wo die „Teilendprüfung" der Triebköpfe stattfand.

Einsatz

Nach dem Start des IC-Systems im Jahre 1971 und den Erweiterungen des Netzes in den Jahren 1979, 1985 und 1988 war der Fahrplan 1991 als wichtiger Meilenstein anzusehen, da im Prinzip das gesamte Fahrplangefüge der DB völlig neu gestaltet wurde.

Kernstück des neuen IC'91-Angebotes war die Linie 6 von Hamburg über Hannover, Fulda, Frankfurt, Mannheim, Stuttgart nach München, die beide Neubaustrecken berührte und von den neuen ICExpress-Zügen planmäßig mit bis zu 250 km/h befahren wurde.

Der Nord-Süd-Verkehr blieb zunächst das Haupteinsatzgebiet des ICE 1. Die Achsen Hamburg – Kassel – Würzburg – München, Hamburg – Kassel – Frankfurt – Mannheim und Berlin – Kassel – Frankfurt wurden und werden von ihm bedient und einzelne Leistungen dabei zudem über Basel hinaus in die Schweiz gefahren. Seit 1998 kam auch der Verkehr auf der Ost-West-Achse Köln – Hannover – Berlin hinzu.

Obwohl der „Ice-Train" in Amerika guten Anklang findet, bleibt eine Bestellung aus (Foto: AEG)

ICE

Bild oben:

Als „Official Carrier" der EXPO 2000 nutzte die DB die großen Seitenflächen der ICE-Triebköpfe für Werbung in eigener Sache (Foto: Bodo Schulz)

Am 1. August 1996 rollt eine ICE-Garnitur bei Buckten durch das schweizerische Hügelland (Foto: Dietmar Beckmann)

Ein katastrophales Unglück wirft schwere Schatten auf das strahlende Bild des deutschen Vorzeigezuges. Unmittelbar darauf stellt die Öffentlichkeit die Frage: Wäre der Unfall zu vermeiden gewesen? (Foto: Gabriel Habermann)

Kapitel 6:

Die Katastrophe von Eschede

Die Geschichte des ICE erfuhr am 3. Juni 1998 eine jähe Zäsur. Auf dem Weg von Hannover nach Hamburg verunglückte bei Tempo 200 nahe dem Ort Eschede eine ICE-1-Garnitur so schwer, dass danach 101 Todesopfer zu beklagen waren. Den Helfern am Unfallort bot sich ein Bild des Grauens.

Der Schock von Eschede traf alle, doch für die meisten sollte er bald vergehen. Bei den betroffenen Eisenbahnern bleibt ein nagender Zweifel – hätte man diese Katastrophe nicht durch bessere Sicherheitsmaßnahmen vermeiden können? Wieder einmal wird klar, dass die enorme Sicherheit der Eisenbahn mit einem langen Lernprozess voller tragischer Erfahrungen erkauft wurde. Auch Eschede wird eines Tages dazu zählen.

Der Ablauf

München, 5:47: Der ICE 884 „Wilhelm Conrad Röntgen“ fährt auf Gleis 19 mit Ziel Hamburg ab. An Bord des Frühaufsteherzuges sind nicht nur Geschäftsreisende, sondern wegen der Pfingstferien in Bayern auch viele Urlauber.

Würzburg – Hannover, ca. 8:30 – 10:30: Der Zug fährt auf der Schnellfahrstrecke. Etwa alle sechzig Kilometer werden die Räder des Zuges durch Wärmesensoren auf sogenannte „Heißläufer“ überprüft, also auf Räder oder Achsen, die sich wegen Defekten, z. B. an den Lagern oder der Bremsanlage, erwärmen. Ähnliche Sensoren arbeiten im Zug, es werden aber keine Defekte am ICE 884 festgestellt. Dies ist die einzige technische Überprüfung der Räder während der Zugfahrt.

Hannover, 10:33: ICE 884 verlässt Hannover Hbf.

Kurz vor Streckenkilometer 55, ca. 10:56: Ein Radreifen am hinteren Drehgestell des ersten Mittelwagens (802 808-6) zerspringt. Es handelt sich nach dem vorläufigen Bericht des Eisenbahnbundesamtes (EBA) um einen so genannten Dauerbruch, der im Gegensatz zum Gewaltbruch nicht auf ein einmaliges Ereignis, sondern auf die langfristige Auswirkung einer Materialunregelmäßigkeit zurückzuführen ist.

Kilometer 55, ca. 10:57: Der Radreifen ist vom Radkern nach innen gesprungen und schlenkert nun auf der Achse. Einmal schlägt er eine Kabelschleife der Linienzugbeeinflussung (LZB) durch. Da dies die einzige Unterbrechung der LZB bleibt, steht die Störung innerhalb der Toleranzgrenze des Systems. Zudem ist die LZB ein nach vorne „blickendes“ System. Schäden hinter dem Zug gelten als nicht relevant. Der Zug fährt weiter. Der Radreifen schlägt immer wieder gegen die Schwellen und den Wagenboden. Die Fahrgäste des ersten Wagens berichten später, dass dies wahrgenommen werden konnte. Der Wagen schlingert ungewöhnlich. Die letzte Chance, die Katastrophe zu vermeiden, wäre gewesen, in diesen 90 Sekunden im ersten Wagen die Notbremse zu ziehen.

Ortsanfang Eschede, Kilometer 59, 10:59: Der Radreifen verhakt sich in der Zunge der ersten Weiche der Einfahrgruppe. Die Weichenzunge verformt sich. Die nachfolgenden Wagen 2 (802 609-8), 3 (802 311-1) und 4 (802 374-9) entgleisen in der Weiche (Wagen 1 entgleist vermutlich hier ebenfalls, spätestens aber in der zweiten Weiche) [A]. Zu diesem Zeitpunkt reißt wohl die Verbindung zwischen dem führenden Triebkopf (401 051-8) und dem Rest des Zuges. Dem Lokführer wird vom Bordcomputer der Druckabfall gemeldet, woraufhin er die Schnellbremsung einleitet.

Der Wagen 4 schleudert nach der Entgleisung so stark, dass die Verbindung zu den ersten drei Wagen reißt. Während die ersten drei Wagen neben dem Gleis aufrecht stehen bleiben, bricht Wagen 4 nach rechts aus. Er rutscht über das Nebengleis von der Bahntrasse in ein angrenzendes Wäldchen und kommt quer zur Fahrtrichtung zum Stehen [B]. Wagen 5 (802 340-0) bricht hinten nach rechts aus und schlägt an die Brückenpfeiler.

Die Brücke stürzt ein, fällt auf das Ende von Wagen 5, der auseinanderreißt. Der vordere Teil des Wagens kommt etwa 100 m hinter der eingestürzten Brücke zum Stehen [C]. Hinter der abgerissenen Wagenhälfte von Wagen 5 stellt sich der Wagen 6 (802 373-1) quer und wird von der einstürzenden Brücke begraben. In diesen Berg aus Beton und Wagenresten schiebt der hintere Triebkopf (401 551-7) die Wagen 7 bis 14 wie eine Ziehharmonika zusammen (802 037-2, 803 008-2, 804 010-7,

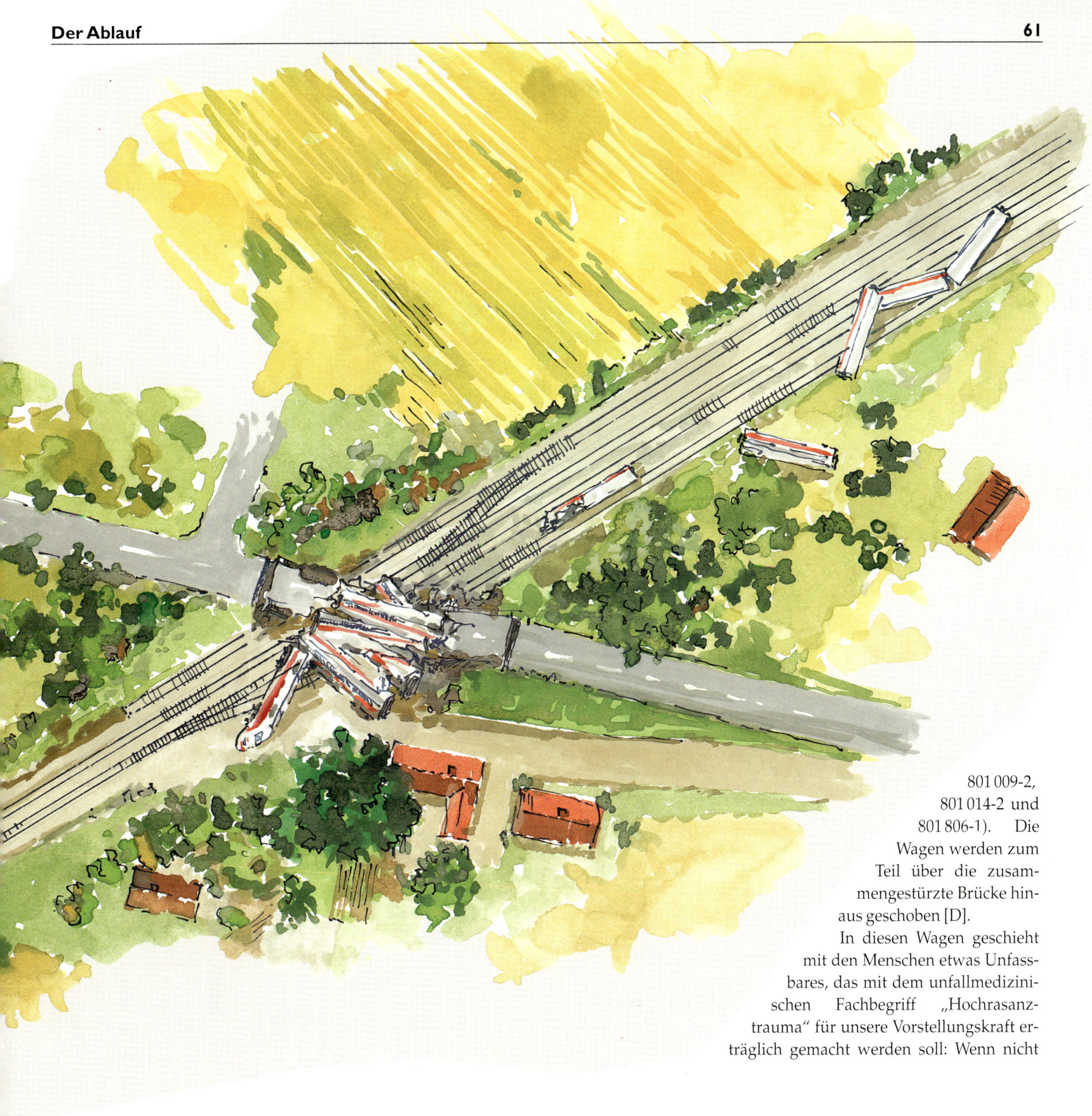

801 009-2, 801 014-2 und 801 806-1). Die Wagen werden zum Teil über die zusammengestürzte Brücke hinaus geschoben [D].

In diesen Wagen geschieht mit den Menschen etwas Unfassbares, das mit dem unfallmedizinischen Fachbegriff „Hochrasanztrauma" für unsere Vorstellungskraft erträglich gemacht werden soll: Wenn nicht

Erst drei Kilometer später kommt der führende Triebkopf zum Stehen (Grafik: Rudolf Heym)

der gesamte Körper an einer Fläche, etwa einer Wagenwand, abgebremst wird, sondern nur einzelne Körperteile etwa an einer Sitzlehne Halt finden, dann bewegen sich die ungebremsten Körperteile auf Grund der Masseträgheit mit der vorherigen Geschwindigkeit weiter. Der Körperbau des Menschen ist aber nicht in der Lage, diesen Kräften zu widerstehen. Die freihängenden Körperteile, Arme, Beine oder der Kopf, werden einfach abgerissen. Im Körperinneren geschieht mit den unterschiedlich schweren Organen ähnliches

Das ganze dauert etwa so lange, wie Sie benötigen, um fünf Zeilen dieses Textes zu lesen.

11:52, Kilometer 62: Zweitausend Meter hinter dem Bahnhof Eschede kommt der vordereTriebkopf zum Stehen. Erst jetzt bemerkt der Lokomotivführer, dass er seinen Zug „verloren" hat. Er erleidet einen schweren Schock [E].

Reaktionen

Mit dem Eintreffen der freiwilligen Feuerwehr von Eschede läuft eine enorme Rettungs- und Hilfsaktion an – begleitet von tiefem, echtem Mitleid und bar jeglicher Sensationsgier. Am 6. Juni 1998 wird Jakob Augstein in der Süddeutschen Zeitung schreiben, der Trost von Eschede sei, dass sich zeige, dass die wichtigsten Werte, nämlich die des Herzens, in Deutschland noch nicht verfallen seien.

3. Juni: Der Geschäftsbereich Fernverkehr der DB AG, bittet alle Mitarbeiter im Servicebereich, Trauer zu tragen.

5. Juni: Nach Angaben von Horst Stuchly, Präsident des Eisenbahn-Bundesamtes (EBA), kann man nicht sagen, wann bei dem sieben Jahre alten Zug die letzte Ultraschallinspektion stattfand, die verlässliche Hinweise gibt, ob ein Schaden oder Materialermüdung vorliegt. Diese Auskunft bleiben Deutsche Bahn und Eisenbahnbundesamt weiter schuldig.

Die DB AG teilt der Öffentlichkeit mit: „Alle 60 ICE 1 werden einer zusätzlichen Untersuchung unterzogen." Bahnintern heißt es: „Nach ersten Erkenntnissen über eventuelle Ursachen des Unglücks und aufgrund ihrer Verantwortung für die Sicherheit der Reisenden weitet die DB AG die vorsorglichen Zusatzuntersuchungen am ICE der ersten Generation in den Betriebswerken aus. […] Das bedeutet, dass alle ICE-Züge der Linien 3, 4 und 6 vorläufig ersatzlos gestrichen werden. Mit erheblichen Beeinträchtigungen im Reiseverkehr und Störungen im betrieblichen Ablauf ist über das ganze Wochenende zu rechnen."

Die „vorsorgliche Zusatzuntersuchung" besteht lediglich aus einem Beschau der Räder! Noch nicht untersuchte ICE 1 dürfen mit einer Geschwindigkeit von höchstens 160 km/h fahren.

Der Geschäftsbereich Fernverkehr gibt seinem Servicepersonal eine „Argumentationshilfe für Gespräche mit unseren Kunden" an die Hand, nach der der Eindruck erweckt wird, die Bahn nehme diese Überprüfung der Räder freiwillig und aus eigenen Stücken vor. Am gleichen Tag wird der erste einer Serie von Offenen Briefen an die „lieben Mitarbeiterinnen und lieben Mitarbeiter" versandt, die im Zusammenhang mit der Katastrophe von Eschede stehen. Was der DB-Vorstandsvorsitzende Johannes

Ludewig am 5. Juni schreibt, ist ohne Informationswert.

6. Juni: Nun müssen alle ICE 1-Züge mit gummigefederten Radsätzen einer weiteren Laufwerkskontrolle mit Hilfe des Ultraschalls unterzogen werden. Der Ausfall dieser ICE-Züge wird auf zwei Wochen geschätzt. Ludewig schreibt den zweiten Offenen Brief zu diesem Thema, ohne auf Einzelheiten einzugehen. Inzwischen stellt sich heraus, dass die Inspektionen vom Eisenbahn-Bundesamt veranlasst wurden und nicht „vorsorglich" von der DB AG. Diese beruft sich darauf, das Eisenbahn-Bundesamt habe bisher keine Ultraschall-Untersuchungen für die Radsatzprüfung verlangt.

10. Juni: Dass sich die DB AG „zu allen Themen, die im weitesten Sinne mit den möglichen Ursachen des Unfalls von Eschede zusammenhängen können, nicht äußert", begründet sie mit dem Schutz der laufenden Ermittlungen der Staatsanwaltschaft. Werner Mößinger, der Vorsitzende des DB-Gesamtbetriebsrats beschimpft in seinem bahninternen Offenen Brief die „Zeitgenossen", die in der Öffentlichkeit verkünden, „dies alles wäre nicht passiert, wenn man nur auf sie gehört hätte."

Hintergrund der Ängstlichkeit mögen Hinweise auf Fahrlässigkeiten bei den ICE-Untersuchungen sein. Hatten sich doch Eisenbahner und andere Sachkundige gewundert, dass erst jetzt die Ultraschalluntersuchungen der Radsätze begannen. Diese gehörten eigentlich zur alle 3500 km (früher 2000 km) vorgesehenen Radsatzdiagnose ULM, wobei U für Ultraschall, L für Lichtschnitt und M für Messbalken steht.

Da ein schadhafter Radsatz zu tauschen war, wenn eine Ultraschallmessung Abweichungen von den zugelassenen Toleranzen ergab, wären Züge öfter für den Einsatz ausgefallen, als es der Deutschen Bahn AG lieb war. Die Ultraschall-Messeinrichtung soll wegen häufig zweifelhafter Messergebnisse seit 1994 nicht mehr benutzt worden sein. Auch die gummigefederten Räder sollen nach der Ansicht von Fachleuten für hohe Geschwindigkeiten nicht geeignet gewesen sein.

11. Juni: Die Identifizierungskommission schließt, nachdem sie alle Leichenteile zuordnen konnte, mit dem Ergebnis ab, dass es 100 Tote gegeben hat.

14. Juni: Radreifenrisse bei der Stadtbahn Hannover und Schäden an den gummigefederten Radsätzen der Hamburger S-Bahn-Züge (BR 474/874) veranlassen das Eisenbahn-Bundesamt, den Austausch der Radsätze gegen nicht gummigefederte oder gegen Monoblockräder, wie beim ICE-2, anzuordnen. Erneut muss ein Notfahrplan in Kraft gesetzt werden.

17. Juni: Das Eisenbahn-Bundesamt erstattet vor dem Verkehrsausschuss des Deutschen Bundestages einen ersten Bericht zum Unfall von Eschede. Nun will Ludewig das gesamte „Sicherheitssystem der Deutschen Bahn AG auf den Prüfstand stellen."

19. Juni: Otto Ernst Krasney nimmt seine Tätigkeit als Ombudsmann für die Opfer von Eschede auf. Erstmals in der deutschen Geschichte wird nach einer Katastrophe eine solche Einrichtung geschaffen.

21. Juni: Bundespräsident Roman Herzog spricht während eines Staatsaktes in der Stadtkirche von Celle zu 230 Hinterbliebenen und weiteren 700 Trauergästen. Sie begeben sich anschließend zum Unfallort, wo eine provisorische Gedenkstätte eingerichtet wurde.

Analyse

Zweifellos ist die Katastrophe von Eschede eine Zäsur für den Hochgeschwindigkeitsverkehr und für die Deutsche Bahn AG. – Ist sie der Preis, der irgendwann für den Erfolg des Lieblingssymbols der neuen Bahn zu zahlen war? Bis zum Zeipunkt des Unglücks galten die ICExpress-Züge als bequem, zuverlässig und sicher wie der Eisenbahnverkehr insgesamt. Umfragen der Medien, ob man weiter unbesorgt mit der Eisenbahn verreisen werde, ergaben ein klares Ja, oft mit dem Zusatz: Wenn nicht, dürfte ich nicht mehr über die Straße gehen.

Obwohl die Züge an die Spur gebunden sind, ist das Fahren im Raumabstand der große Vorteil der Eisenbahn, die den Sicherheitsstandard seit ihrem Bestehen ständig erhöhte – vor allem aus den Erfahrungen von Eisenbahnunfällen. Mit der flächendeckenden Inbetriebnahme von Relais- und elektronischen Stellwerken, um nur ein Beispiel zu nennen, sind Unfälle wegen des unzeitigen Umstellens von Weichen oder wegen mangelhafter Fahrwegprüfung selten geworden. Die Sicherungstechnik prüft die Voraussetzungen, ob eine Weiche umgestellt oder eine Zugfahrt zugelassen werden darf, ganz unabhängig von den menschlichen Unzulänglichkeiten.

Die Unfallstatistik der Deutschen Bahn weist rund zehn Entgleisungen und zwölf Zusammenstöße auf eine Million behandelter Wagen im Rangierdienst aus. Bei Zugfahrten sind es noch nicht einmal fünf Hundertstel Entgleisungen und Zusammenstöße bei einer Million Zugkilometer, wozu auch die Güterzüge gehören. Die meisten Ereignisse sind keineswegs tragisch, so dass kein Boulevardblatt von ihnen Notiz nimmt.

Es gab Jahre, in denen zwar etwa 50 Menschen durch Eisenbahnunfälle getötet wurden, aber niemand bei Zugunfällen. Seit Jahren besteht folgender Maßstab von Verunglückten auf eine Million Personenkilometer: beim Flugzeug 0,025 Verunglückte, im Schienenverkehr 0,033 und im Straßenverkehr 0,804, darunter bei Autobussen

Der Unglücks-Triebkopf 401 051 wird an Ort und Stelle untersucht (Foto: AP)

0,082. Das heißt, im Straßenverkehr verunglücken 24 mal mehr Personen als im Schienenverkehr. Das darf den Bahnverwaltungen keinesfalls als Beruhigung dienen, man habe zur Sicherheit genügend getan, denn die Öffentlichkeit erwartet von den „Profis des Verkehrs" einen hohen, den höchsten Sicherheitsstandard. Zumal jeder Reisende – wie im Flugzeug – zu passivem Verhalten gezwungen ist.

Man kann sich die Hoffnung der Deutschen Bahn AG gut vorstellen, die Katastrophe von Eschede sei durch einen Eingriff Dritter herbeigeführt worden. Hatte ein Stein auf der Schiene den Radreifen brechen lassen? Mitnichten. Man mochte nicht zugeben, dass ein Fehler, eine Unzulänglichkeit im System selbst zu dieser schrecklichen Katastrophe geführt hat.

Trotz der stets verfeinerten Sicherungs- und Fahrzeugtechnik sowie der Zeit und dem Stand der Technik angepasster Regeln ka-

Tragische Historie

Alle Eisenbahnen der Welt sind wiederholt von derartigen Tragödien betroffen worden. Das gilt auch für Deutschland, und Eschede mit 100 Toten war keineswegs, wie in den Medien behauptet, der gravierendste Unfall. Sofern an Superlative von Unfalltoten und Verletzten überhaupt gedacht werden soll, kommt dem Zusammenstoß der Schnellzüge 180 und 10 auf dem Bahnhof Genthin am 22. Dezember 1939 dieser zweifelhafte Ruhm zu. 186 Tote und 106 Verletzte waren seinerzeit zu beklagen. Der D 10 hielt in Genthin an, weil der Heizer das Haltsignal eines Stellwerkswärters gesehen hatte. Das sollte aber dem Lokpersonal des folgenden D 180 gelten, das in Belicke das Halt zeigende Signal der Blockstelle mißachtet hatte. Das noch für den D 10 Fahrt frei zeigende Einfahrsignal von Genthin führte dazu, dass der D 180 „mit voller Fahrt" auf den haltenden Schnellzug fuhr.

Am selben Tag war zwischen Radolfzell und Friedrichshafen ein Personenzug mit einem Güterzug zusammengestoßen. 101 Reisende wurden getötet, weil zwei Fahrdienstleiter die Züge abgelassen hatten, ohne sie anzubieten bzw. anzunehmen.

Erregen Eisenbahnunfälle mit 20 bis 30 Getöteten zu Friedenszeiten Aufsehen, so sind die unter primitiven und chaotischen Umständen während der beiden Weltkriege verursachten Unfälle kaum bekannt geworden. 60 oder sogar 100 Tote soll es am 3. November 1914 in Miechow gegeben haben, als rangierende Züge, mit deren Hilfe ein Tunnel zur Sprengung vorbereitet worden war, zusammenstießen und ein mit Sprengstoff beladener Wagen explodierte. Am 22. Januar 1941 stießen auf dem Bahnhof Isenbüttel-Gifhorn ein Wehrmachts- und ein Durchgangsgüterzug zusammen, weil der Stellwerkswärter die Fahrwegprüfung unterlassen hatte. 94 Tote und 156 Verletzte waren die Folge.

In Friedenszeiten sind Unfälle solchen Ausmaßes selten. Zum Zusammenstoß am 13. Januar 1925 bei dichtem Nebel in Herne mit 22 Toten, 27 Schwer- und 58 Leichtverletzten kam es, weil der Lokomotivführer des D 10 das für einen Personenzug Fahrt frei zeigende Signal auf seinen Zug bezog und dabei das Halt zeigende Einfahrsignal übersah. Die Katastrophe von Herne führte bei der Deutschen Reichsbahn zur Verbesserung der Signalanordnungen und zur umfassenden Einführung der induktiven Zugsicherung (INDUSI), die den Zug zwangsweise anhält, wenn ein Signal Halt zeigt.

men bei Deutscher Bundesbahn und Deutscher Reichsbahn immer wieder spektakuläre Unfälle vor, weil es einerseits mancherorts an der induktiven Zugsicherung fehlt und weil diese andererseits auch keine hundertprozentige Sicherheit bietet. Immer wieder muss als Unfallursache „menschliches Versagen" angegeben werden.

Der Radreifenbruch

Um zur Ursache der Escheder Katastrophe zurückzukommen: Eisenbahnunfälle wegen zerbrochener Radreifen sind in der zweiten Hälfte unseres Jahrhunderts selten geworden, bei Reisezügen äußerst selten. Am 25. August 1980 entgleiste mit 120 km/h bei Upplands Väsby (Schweden) der Schnellzug „Nordpfeil"; ein Unfall, der neun Tote und 37 Verletzte forderte, und die Fachleute zuerst ratlos machte. Nach einem Tag erkannten sie, dass sich der Radreifen eines Rades vom Speisewagen gelöst hatte, der zu dessen Entgleisung und der der folgenden Wagen geführt hatte. Während der folgenden Tage entdeckten die Eisenbahner weitere Wagen mit defekten Radreifen, so dass die Schwedischen Staatsbahnen mit verschärften Überprüfungen reagierten.

Als die Deutsche Bundesbahn sich angeschickt hatte, die zulässigen Geschwindigkeiten bis zu 200 km/h anzuheben und den Hochgeschwindigkeitsverkehr vorbereitete, beschäftigte sie sich intensiv mit der Sicherheit der Züge. Schwerpunkte waren die Sicherheit im Gleis. Neue, hochbelastbare Oberbauformen wurden eingeführt und die „todsichere" Linienzugbeeinflussung. Mit ihrer Hilfe fährt der Lokomotivführer auf elektronische Sicht, war doch das bisher – und immer noch – geltende Prinzip des Raumabstands (in einem Blockabschnitt darf sich immer nur ein Zug befinden) mit den langen Bremswegen bei Geschwindigkeiten über 200 km/h nicht möglich. Selbst bei einer Schnellbremsung ist der Bremsweg doppelt so lang wie der übliche Abstand zwischen Vor- und Hauptsignal. Die Linienzugbeeinflussung zeigt dem Lokomotivführer über etwa zwei Blockabschnitte an, mit welcher Geschwindigkeit er fahren darf. Die im Gleis verlegten Linienzugleiter registrieren den jeweiligen Standort des Zuges, melden ihn kontinuierlich einem Rechner auf einem Stellwerk. Der wiederum berechnet die Zugabstände und möglichen Geschwindigkeiten, überträgt die Sollgeschwindigkeit in die Führerräume der Züge, die dann von 0 („Halt") bis 280 km/h reichen kann. Bei Überschreitung der Sollgrenze kommt es zur Zwangsbremsung. Sicherheitslücken?

Der Vorläufige Untersuchungsbericht des Eisenbahn-Bundesamtes markierte Lücken in der Sicherheitskette. Offenbar reichten die Prüf- und Kontrollmethoden nicht aus oder ist das Material der Räder bzw. des Radreifens auf Dauer nicht den Belastungen des Hochgeschwindigkeitsverkehrs gewachsen. Oder die Wahrscheinlichkeit eines nicht zu entdeckenden Mangels von eins zu einer Billion ist nun doch eingetroffen, noch dazu mit unwahrscheinlichen Verkettungen widriger Umstände: Umstellen einer verschlossenen Weiche und die Nähe des Brückenträgers.

Wer da voreilig moniert, warum es so viele Warnsysteme gibt, aber keines für den gebrochenen Radreifen, möge bedenken, ob es wirklich hilft, geholfen hätte. Was geschieht nach einer Warnung „Radreifen defekt"? Schnellbremsung mit 2000 m Bremsweg? Damit soll die Entgleisung des Zuges ausgeschlossen sein? Ich zweifle. Was ist mit den Wagen, die nicht eine solche teure Ausrüstung erhalten, aber bei einer Entgleisung ebenfalls mit einem ICE zusammenstoßen können?

Die Sicherheit des ICE

Die ICE-Fahrzeuge unterliegen einem international anerkannten Sicherheitsstandard. Nach 3500 km Laufleistung werden die Räder kontrolliert und, sofern notwendig, mit Hilfe einer Unterflur-Drehbank neu profiliert oder sogar ausgetauscht. Nach 20 000 km Laufleistung ist eine zweistündige Nachschau des Fahrzeugs mit Bremsuntersuchung vorgeschrieben. Weitere Instandhaltungsstufen sind:

- die Fristarbeiten alle 60 000 km (16 Stunden),
- vereinfachte Revision alle 1 200 000 km (Dauer: 4 Tage),
- Revision alle 2 400 000 km (Dauer: 8 Tage).

Für den Notfall ist auf den tunnelreichen Neubaustrecken gesorgt worden, indem in deren Nähe besonders ausgerüstete Rettungszüge stationiert sind, ein Notbremskonzept besteht, damit möglichst kein Zug im Tunnel zum Halten kommt. Die Tunnel und deren Zufahrten sind derart ausgestattet, dass schnelle Hilfe möglich ist.

In langen Reihen standen nach der Katastrophe von Eschede die ICE-Mittelwagen im Güterbahnhof Hamburg-Eidelstedt abgestellt. Erst nach dem Radsatztausch durften sie wieder auf die Strecke (Foto: Christoph Müller)

KAPITEL 7:

Der Nachfolger: ICE 2

Für die ersten ICE 2-Einsätze im Liniendienst wurden „Vollzüge" aus zwei Triebköpfen und bis zu zwölf Mittelwagen gebildet, denn die Steuer- und Servicewagen standen im September 1996 noch nicht zur Verfügung. Der am 10. Januar 1998 aufgenommene ICE 2-Zug verfügt allerdings bereits über ein BordRestaurant (Foto: Jürgen Hörstel)

Am 6. 9. 1996 erhält die DB den symbolischen Schlüssel für die neue ICE-Generation (Foto: Brian Rampp)

Bereits 1992, die erste ICE-Generation stand gerade ein Jahr im Betrieb, ermittelte die Deutsche Bundesbahn in einer Projektstudie die Voraussetzungen für eine Nachfolgegeneration. Diese ergab eine Kombination aus einem Triebkopf, sechs Mittelwagen und einem Steuerwagen als wirtschaftlichste und für die vorgesehenen Aufgabengebiete sinnvollste Variante. Im Herbst desselben Jahres forderte die DB von der Industrie, dass mit den zu bestellenden Fahrzeugen auch Halbzüge mit fünf Mittelwagen und Steuerwagen sowie Langzüge aus zwei Triebköpfen und vierzehn dazwischen gereihten Wagen zu bilden sein müssten. Der Ausschreibung folgten Ende Januar 1993 die Angebote der großen deutschen Schienenfahrzeugbauer; Ende Dezember 1993 bestellte die Bahn die neuen Fahrzeuge bei einer Arbeitsgemeinschaft der Konzerne Siemens und AEG als Generalunternehmer.

Neben einer Nachlieferung von 26 Sitzwagen für den ICE 1 wurden 44 sogenannte Kurz- oder Halbzüge des ICE 2 bestellt, bestehend aus je einem Triebkopf der Baureihe 402, zwei Wagen erster Klasse (Baureihen 805.0 und 805.3), einem Servicewagen (Baureihe 807), drei Wagen zweiter Klasse (Baureihen 806.0, 806.3 und 806.6) sowie einem Steuerwagen (Baureihe 808). Daneben wurden für Reservezwecke zwei weitere Triebköpfe der Reihe 402 und ein Steuerwagen der Reihe 808 bestellt. Für weitere Züge sprach die DB eine Option aus, die sie jedoch nicht genutzt hat, da anstelle der Kombination Triebkopf – Wagen völlig neu konzipierten Triebzügen der Vorzug gegeben wurde. Deren Antriebseinrichtungen sind über den gesamten Zug verteilt und machen einen Triebkopf damit überflüssig.

Ein weiterer Ausgangspunkt der Konstruktion der Züge war der Wunsch nach einer deutlichen Reduzierung des Gesamtgewichts, was unter Zuhilfenahme vieler Einzelmaßnahmen – von neuen Sitzen bis zur Verwendung von Leichtbau-Magnetschienenbremsen – erreicht werden konnte. Gut fünf Tonnen wiegt ein ICE-2-Mittelwagen weniger als sein Vorgänger im ICE 1. Dessen hohes Leergewicht war schon oft bemängelt und gerade bei Vergleichen mit Konkurrenten wie dem französischen TGV mit hämischer Kritik bedacht worden. Voll ausgelastete ICE-1-Züge haben tatsächlich Probleme, auf Steigungen die Geschwindigkeiten zu halten oder Verspätungen aufzuholen. Die Leistungsreserven der beiden Triebköpfe werden vom hohen Zuggewicht aufgezehrt.

Vergleichsdaten

Kapazitäten der ICE-Züge		410	401	402	403	406	411	415	605
Masse pro Sitzplatz	kN	3,44	1,17	1,05	0,99	1,08	0,97	1,09	1,11
Sitzplätze pro Zuglänge	m^{-1}	0,77	1,87	1,90	2,07	2,02	2,07	1,89	1,83

Technik

Nur wenige Modifikationen waren nötig, um aus der Baureihe 401 des ICExpress die Triebköpfe der neuen Reihe 402 abzuleiten. Fahrzeugkontur, Abmessungen und Grundriss der Fahrzeuge sind identisch.

Da die Steuerköpfe noch auf sich warten lassen, laufen die ersten ICE 2 zunächst als Langzüge mit zwei Triebköpfen (Foto: Bodo Schulz)

Sfz
ICE

Unterscheidungsmerkmal zum ICE 1: die geteilte Bugklappe am ICE 2 (Foto: Brian Rampp)

Der Fahrzeugkasten in aerodynamischer Form ist in Stahlleichtbauweise montiert. Die Seitenwände entstanden in herkömmlicher Manier aus Glattblechen mit einer Profilversteifung.

Die Frontpartie musste wegen der dort verdeckt eingebauten Scharfenberg-Kupplungen angepasst werden. Die zweiteilige Bugklappe, die die an einem festen Drehpunkt angelenkte Kupplung bei Nichtgebrauch verdeckt, besteht aus glasfaserverstärktem Kunststoff. Bei Bedarf werden die Klappen elektropneumatisch seitlich hinter die Bugverkleidung weggeklappt. Im Störungsfall kann das manuell betätigt werden.

Neue Triebköpfe (vorn) und alte (hinten) können bei Bedarf auch gemeinsam in einem Zug eingesetzt werden (Foto: Bodo Jaster)

Der „kurze" Main-Kurier auf seinem abendlichen Weg nach Köln über die linke Rheinstrecke (Foto: Jürgen Sieger)

Fürstenberg

Bild oben:
In der Werkhalle von Siemens Schienenfahrzeugtechnik in Essen waren am 4. Juli 1995 die Triebköpfe 402 003, 004, 005 und 006 (v. links) im Bau (Foto: Malte Werning)

Bild links:
Ansicht des Übergangs zwischen den ICE 2-Mittelwagen (Foto: Johannes Glöckner)

Bild rechts:
Charakteristisch für den ICE 2: Die Möglichkeit des Kuppelns zweier Züge. Die Scharfenberg-Kupplungen liegen hinter zwei beweglichen Klappen, die beim Fahren im Verband hinter den Seitenblechen verschwinden (Foto: Siemens AG)

Diese Technik wurde im InterCityExperimental erprobt, der zu diesem Zwecke entsprechend umgebaut und mit Bugklappen versehen wurde. Die beiden Triebköpfe 410 001 und 002 wurden gegeneinander gekuppelt und von anderen Triebfahrzeugen gezogen. Die Messergebnisse bildeten die Grundlage für die Serienreife der Klappen.

Die Scharfenberg-Kupplungen verbinden automatisch auch die beiden Luftleitungen, die Lichtwellenleiter-Datenbusse, die konventionellen Steuerleitungen sowie das Koaxialkabel des Fahrgast-Informations-Systems. Die Trennung der Kupplungen erfolgt pneumatisch oder im Störungsfall manuell. Ein Kuppeln ist mit einer Auflaufgeschwindigkeit von bis zu vier km/h und in Gleisbögen mit mindestens 150 m Radius möglich.

Für den Fall, dass ein ICE-2-Zug abgeschleppt werden muss, liegt im Maschinenraum jedes Triebkopfes eine Übergangskupplung bereit. Bei deren Einsatz müssen die elektrische Verbindung, die UIC-Sprechleitung und die Bremsluftschläuche zwischen der Hilfslok und dem ICE von Hand verbunden werden.

Am zugseitigen Ende des Triebkopfes befindet sich die – auch zwischen den Wagen verwendete – feste Mittelpuffer-Kupplung. Sie wird in der Regel nur in der Werkstatt oder in Notfällen von Hand gelöst.

Die Triebdrehgestelle der neuen Zuggeneration entsprechen den Fahrwerken des ICE 1. Schraubenfedern in Gummilagerung besorgen die Primär-, in Gummi gelagerte Flexicoilfedern die Sekundärfederung. Die Drehgestelle besitzen Hydraulik-Querdämpfer und werden mit Zug- beziehungsweise Druckstangen am Fahrzeugkasten angelenkt. Der Antriebskopf ist mit einem Drittel seines Gewichts am Drehgestellkopfträger und zu zwei Dritteln über Gummielemente am Fahrzeugkasten aufgehängt. So sind die Radsätze weitgehend von der Motor- und Getriebemasse entkoppelt.

Das Bremssystem der Triebköpfe besteht aus drei unabhängigen Systemen: der generatorischen Bremse (E-Bremse), die Bremsenergie ins Fahrleitungsnetz zurückspeist,

Die automatische Kupplung sichert zusätzlich die Energieversorgung sowie die Übertragung von Daten und Audiosignalen (Foto: Bodo Jaster)
Foto unten: Im Mai 1994 wird die Funktion der Bugklappen bei Siemens in Essen erprobt (Foto: Michael Hubrich)

den elektropneumatisch gesteuerten Scheibenbremsen mit zwei Bremsscheiben pro Achse sowie der Federspeicher-Feststellbremse. Die Scheibenbremsen ergänzen bei Schnellbremsungen aus Geschwindigkeiten über 160 km/h die E-Bremse oder ersetzen diese, wenn sie ausfallen sollte. Die Feststellbremse in Triebkopf und Steuerwagen

Auch der Fahrzeugkasten des ICE 2 wird in Leichtbauweise aus Stahl gefertigt (Foto: Frank von Meissner)

sichert den Zug gegen ein Abrollen in Gefällen bis zu 25 Promille.

Nach den Vorgaben der Linienzugbeeinflussung steuern Mikroprozessoren die Fahr- und Bremsfunktionen. Der Triebfahrzeugführer kann per Display den Zustand der vor ihm liegenden Streckenabschnitte beobachten. Analog dem ICE 1 ist das Fehlerdiagnosesystem „David" auch im ICE 2 eingebaut. Es zeigt Betriebs- und Störungsdaten auf Displays im Führerstand als Klartext oder Schaubild an, empfiehlt Möglichkeiten zur Behebung von Störungen und meldet Diagnose-Signale über Funk an die Werkstatt vor. Für die Halbzugbildung wurde das System entsprechend angepasst. Weiterentwickelt wurde das Antriebssteuergerät SIBAS 32, das nun eine optimiertere Zugkraftausnutzung ermöglicht.

Der bislang auf dem ICE-1-Triebkopf verwendete Stromabnehmer konnte nicht weiterverwendet werden, da der ICE 2 nur über einen Stromabnehmer pro Halbzug verfügt. Anfängliche Überlegungen, den Steuerwagen ebenfalls mit einem Stromabnehmer auszustatten und eine Hochspannungsleitung zwischen Triebkopf und Steuerwagen zu verlegen, wurden fallengelassen. Der auf den ICE-2-Triebköpfen angebrachte Bügel vom Typ DSA 350 SEK zeichnet sich durch eine geringere Masse und eine geänderte Kinematik aus.

Der Transformator ist ölgekühlt und besitzt eine besondere Isolierung aus hochwärmebeständigem Material. Die Traktionsanlage ist in Drehstrom-Asynchrontechnik mit Gruppenantrieb verwirklicht. Die Motoren sind vierpolig, fremdbelüftet und besitzen einen Käfigläufer aus Kupferstäben mit Trapezquerschnitt. Das Drehmoment des Fahrmotors wird über ein Getriebe einseitig auf eine Radscheibe übertragen.

Hier werden die Großraumabteile eines Mittelwagens eingerichtet (Foto: Sven Klein)

Die ICE-2-Triebköpfe sind im Bedarfsfall auch in ICE-1-Zügen einsetzbar, mit deren Technik also kompatibel. Somit dienen die beiden zusätzlich beschafften Triebköpfe der Baureihe 402 auch als Reserve für diese Züge.

Ebenso wie die bisherigen Mittelwagen bestehen die Fahrzeuge der zweiten Generation aus Aluminium in Strangpressbauweise. Eine geänderte Seitenwand- und Dachkonstruktion ermöglichte einen spantenfreien Rohbau. Diese und weitere Änderungen an der Wagenkonstruktion wurden nötig, um das Gewicht pro Fahrzeug um fünf Tonnen zu reduzieren. Der neue Wagenkasten wurde einheitlich für alle Wa-

Beim Übergang von einem Wagen zum anderen sind die Fahrgäste nach außen durch Doppelwellenbälge geschützt (Foto: Brian Rampp)

gen der ersten und zweiten Wagenklasse verwendet, was den Fertigungs- und Unterhaltungsaufwand reduzierte und eine eventuelle Umrüstung von Fahrzeugen vereinfacht. Neu war die elektronische Außenanzeige von Zugnummer, Reiseziel und Zugroute auf einem im Fenstersteg integrierten Display. Damit wurde ein Manko des ICE 1 behoben, dem der Fahrgast von außen nicht ansehen kann, wohin die Reise geht. Auf die beim ICE 1 nicht besonders erfolgreichen Windabweisergummis an den Wagenübergängen wurde bei den neuen Wagen von vornherein verzichtet.

Die Wagen laufen auf luftgefederten Drehgestellen des Typs SGP 400, die aus sieben verschiedenen Bauarten von sechs Herstellern unter Mittelwagen des ICE 1 getestet und ausgewählt wurden. Die Anforderungen sollten einen hervorragenden Fahrkomfort, wirtschaftlich günstige Beschaffungs- und Wartungskosten, geringe Einwirkung der Radsätze auf das Gleis und ein geringes Eigengewicht miteinander verbinden.

Die elektrische Ausrüstung der Wagen ähnelt der des ICE 1. Jedes Fahrzeug ist gegenüber den übrigen autark. Die Energieversorgung über die Zugsammelschiene und die Batteriesammelschiene, der Datenaustausch und die Übertragung der Audiosignale werden über die Mittelpufferkupplungen gewährleistet. Die Trennung dieser mit zentrierter Kuppelstange und Bügelverschluss versehenen Kupplungen ist im normalen Betrieb nicht nötig und soll nur in Ausnahmefällen und in der Werkstatt erfolgen. Für die Fahrgäste ist der Übergang von einem Wagen zum nächsten mit kuppelbaren Doppelwellenbalghälften, Übergangsbrücken und manuell zu bedienenden Doppelschiebetüren gesichert.

Einrichtung

Das Erscheinungsbild der ICE-2-Züge entspricht äußerlich weitgehend dem Vorgängertyp. Bewusst sollten sie in Aussehen, Konturen und Hauptabmessungen das Erscheinungsbild des ICE 1 fortsetzen. Dazu tragen auch die Übernahme des bekannten weißen Farbschemas mit dem roten Zierstreifen und dem dunklen Fensterband bei. Veränderungen wurden hauptsächlich bei der Innengestaltung der Sitzwagen sowie mit dem neuen Steuerwagen und dem geänderten Servicewagen vorgenommen.

Hinter dem Triebkopf läuft ein Wagen erster Klasse mit der Baureihenbezeichnung 805.3, der nurmehr über einen Großraum verfügt und als gemischter Raucher- und Nichtraucherwagen eingerichtet ist. Der folgende Wagen (Baureihe 805.0) ist ein reiner

Die Inneneinrichtung der ICE-2-Garnituren weist ausschließlich Großraumabteile auf (Foto: Siemens)

Technische Daten:

Baureihenbezeichnung		402	Höhe Mittelwagen	mm	3.840
Indienststellung (1. Jahr)		1996	Höhe Steuerwagen	mm	3.840
Hersteller Triebkopf			Dienstmasse Triebkopf	t	78
Hersteller Mittelwagen			Dienstmasse Mittelwagen	t	46,0 – 52,0
Radsatzanordnung:	Bo'Bo' + 2'2'+...+2'2'		Dienstmasse Steuerwagen	t	49,0
Länge Triebkopf			Stromsystem:		15 kV, 16,7 Hz
(über Kupplung)	mm	20.560	Anfahrzugkraft:	kN	200
Länge Mittelwagen			Dauerleistung:	kW	4800
(über Kupplung)	mm	26.400	Höchstgeschwindigkeit	km/h	280
Länge Steuerwagen			Sitzplätze Steuerwagen 808.0		52
(über Kupplung)	mm	26.400	Sitzplätze Mittelwagen 805.0		53
Breite Triebkopf	mm	3.070	Sitzplätze Mittelwagen 805.3		52
Breite Mittelwagen	mm	3.020	Sitzplätze Mittelwagen 806.0		63
Breite Steuerwagen	mm	3.020	Sitzplätze Mittelwagen 806.3, 806.6		74
Höhe Triebkopf	mm	3.840	Sitzplätze Mittelwagen 807.0		23

Der Arbeitsplatz des ICE-Führers mit der Anzeige- und Bedien-Ebene (Foto: Siemens)

Nichtraucherwagen erster Klasse. Auch hier ist nur ein Großraum vorhanden.

An den Servicewagen (Baureihe 807) anschließend laufen die Wagen der zweiten Klasse: zunächst ein Wagen der Baureihe 806.0, der neben dem Großraum auch einen Rollstuhl-Stellplatz sowie ein Abteil für Reisende mit Kleinkindern aufweist, danach zwei reine Großraumwagen, von denen einer (Baureihe 806.3) als Nichtraucher- und der andere (806.6) als Raucherwagen ausgestattet ist. Ansonsten sind diese Wagen baugleich. Der siebte Wagen ist der vollkommen neu konstruierte Steuerwagen der Baureihe 808, in dem neben dem Führerstand auch ein Maschinenraum sowie ein Nichtraucher-Großraum vorhanden sind.

Die Innenräume sind als gegliederte Großräume ausgeführt worden, wobei auf Abteile komplett verzichtet wurde. Der Innenausbau und die Anordnung der Sitze kann dank der modularen Bautechnik variiert werden.

Durch die feststehende Fensterteilung wird je nach Sitzanordnung auch im ICE 2 der eine oder andere Fahrgast trotz des gebuchten „Fensterplatzes" nur einen Fenstersteg mit Kleiderhaken zur Aussicht bekommen. Beibehalten wird die Mischung von Zweiersitzen in Reihe und Vierergruppen in Vis-a-vis-Anordnung mit dazwischen stehendem Tisch. In der ersten Klasse lassen sich die Tische zudem zusammenklappen, was den Sitzenden mehr Bewegungsfreiheit lässt. Die Sitze wurden neu entwickelt, sie bestehen aus weniger Bauteilen und sind nur noch halb so schwer wie im ICE 1. Die Beinfreiheit konnte trotz des engeren Sitzteilers erhöht werden, da die Sitze selbst weniger Platz beanspruchen. Schmaler als bislang fielen die hochklappbaren Armlehnen aus. Anstelle der wenig praktischen Ausklapptische unter den Armlehnen sind nun wieder stabile, herabklappbare Tische an den Rückenlehnen der Vordersitze befestigt. Zusammen mit der integrierten Abstellmulde für Getränkedosen oder -becher wirkt diese Lösung sinnvoll. Bereits im IC-Großraumwagen Bpmz 291 war die Klapptechnik erfolgreich angewendet worden. Unter den Klapptischen ist das Zeitungsnetz angeordnet, außerdem sind mehrfach verstellbare Fußstützen vorhanden. Zur Information und Unterhaltung der Reisenden sind alle Sitzplätze wie bisher mit Anschlussbuchsen für Kopfhörer versehen worden, zusätzlich finden die Reisenden jetzt auch 220-Volt-Steckdosen, die den Betrieb von Laptops oder anderen elektrischen Kleingeräten ermöglichen. In der ersten Klasse ist ein Teil der Plätze mit Videobildschirmen ausgestattet. Alle anderen Sitzplätze sind technisch für diese Einrichtung vorgerüstet. Ebenfalls wurde auf die Nachrüstmöglichkeit einer Mobilfunkausrüstung geachtet, die seit 1999 auch in einem Teil der Wagen eingebaut wurde.

In jedem Vorraum sind elektronische Zuglaufanzeigen vorhanden, weiterhin Info-Displays und Lautsprechereinrichtungen. Neu war die Ausstattung des Zuges mit einem elektronischen Platzreservierungssystem und digitalen Anzeigen über jedem Sitzplatz. Es löste die bislang verwendeten Papierschildchen ab. Leider geht aus diesen Anzeigen nicht hervor, ob ein Sitzplatz im Verlauf der Fahrt mehrfach reserviert ist.

Die Garderoben sind weiterhin stehend im Wagen angeordnet. Die Wagen des Typs 806.0 haben einen besonderen Stellplatz für Rollstuhlfahrer. Daneben ist in diesen Wagen ein Abteil für Reisende mit Kleinkindern vorhanden. Hier finden sich ein Kinderwagenstellplatz, ein Dreisitzplatz, eine Vierersitzgruppe mit klappbarem Tisch, zwei Liege- oder Krabbelflächen sowie Gepäckablagen und Steckdosen mit Kindersicherung.

In den Wagen der zweiten Klasse stehen 74 Sitzplätze zur Verfügung, in denen der ersten Klasse 53 (Typ 805.0) beziehungsweise 54 (Typ 805.3).

Alle Sitzwagen sind an einem Wagenende mit zwei Toiletten ausgestattet. An diesem Wagenende befinden sich auch die technischen Einrichtungen wie Schaltschränke, Sprechstelle für das Zugpersonal, Werbevitrinen, Abfallbehälter für getrennte Müllsammlung und Feuerlöscher.

In allen Fahrgasträumen ist Teppichboden verlegt, während die Einstiegsbereiche mit strukturierten Kunststoffmatten ausgelegt sind. In den Toiletten ist ein pflegeleichter und leicht hygienisch sauber zu haltender Belag auf Polyesterbasis verwendet worden. Die Entsorgung der Toiletten erfolgt wie bei allen modernen Reisezugwagen der DB über stationäre Anlagen in den Wartungsbahnhöfen.

Im kombinierten Raucher- und Nichtraucherwagen der ersten Klasse vom Typ 805.3 trennt lediglich eine teilweise Verglasung mit Einscheiben-Sicherheitsglas die beiden Großräume, wie in älteren IC-Wagen bleibt der Gang selbst jedoch offen.

Der Servicewagen

Zwischen den Wagen der ersten und zweiten Klasse ist im ICE 2 der Servicewagen der Baureihe 807 eingereiht. Hier fällt sofort auf, dass auf das höher gezogene Dach mit den zusätzlichen Fenstern in der Dachschräge verzichtet wurde. Äußerlich ist dieser Wagen damit wesentlich unauffälliger als die bisherigen ICE-Speisewagen. Dort entstand durch die Formänderung ein großzügigerer Innenraumeindruck. Lediglich die abweichende Fensteranordnung und der große Schriftzug auf der Seitenwand weisen auf die Funktion des Wagens hin.

ICE 2-Steuerwagen der Baureihe 808 in Hannover-Wülfel (Foto: Christian Fricke)

Wagenkastenkonstruktion und Fahrwerkbauart entsprechen beim Servicewagen denen der übrigen Mittelwagen des ICE 2.

Im Restaurantteil ist das Platzangebot dem des ICE 1 ebenbürtig. Die Ausstattung besteht aus 23 gepolsterten Sitzplätzen in vier Vierergruppen und vier Zweiergruppen, der mittigen Küche, einer Ausgabetheke für Selbstbedienung, einem kleinen Bistro sowie einem Zugbegleiterabteil und einer behindertengerechten Toilette mit zusätzlichem Baby-Wickeltisch. Dem Zugbegleiterabteil, das im ICE 1 in einem Wagen der zweiten Klasse untergebracht war (Typ WSmz 804), fiel im Speisewagenbereich des neuen Zuges ein Teil des Bistros zum Opfer. Die im ICE 1 vorhandenen bequemen Bänke für 16 Fahrgäste mit den zum Gang stehenden Tischen sucht man vergebens, lediglich zwei schmale Tische an den Wänden sind vorhanden. Eine Besonderheit ist das Videoband mit sechs Displays, auf dem verschiedene Filme laufen. Besonders junge Fahrgäste sollen damit zum Verweilen eingeladen werden.

Die als Wirtschaftsraum bezeichnete Küche stimmt in ihren Abmessungen und Möglichkeiten weitgehend mit der im ICE 1 überein; es wurden jedoch zuverlässigere und wirtschaftlichere Geräte eingesetzt. Die Lagerkapazitäten wurden um 45 Prozent erhöht, da von hier aus auch die Bestückung der Minibar und die Bedienung am Platz erfolgt. Ein spezielles Service-Depot ist nicht mehr vorgesehen. Trotz des geschrumpften Bistro-Bereichs stehen dem Reisenden mehr Kapazitäten im Speisebereich zur Verfügung, da der Halbzug dort 24 Sitzplätze für 368 Fahrgäste bereithält (der ICE 1 bot bei einem zwölfteiligen Zug die gleiche Sitzplatzzahl für 649 Reisende). Verkehrt der ICE 2 als Langzug, werden zwei Speisewagen mitgeführt und entsprechend 48 Plätze für 736 Reisende angeboten.

Der Steuerwagen

Durch den Verzicht auf einen zweiten Triebkopf ergab sich beim ICE 2 die Notwendigkeit, am zweiten Zugende einen Führerstand vorzusehen. Der Wagen wurde aus den Mittelwagen des ICE 1 abgeleitet, die Kopfform entspricht der des Triebkopfs. Daher musste die Dachgeometrie angepasst werden.

Mit dem Triebkopf baugleiche Teile wurden bei der Bugkupplung, den Bugklappen und dem Führerstand verwendet.

Die luftgefederten Drehgestelle entsprechen wiederum denen der übrigen Mittelwagen, wobei am führenden Drehgestell zusätzlich die Indusi montiert und eine Federspeicher-Feststellbremse mit Wirkung auf je zwei Bremsscheiben jedes Radsatzes eingebaut sind.

An den Führerstand des Steuerwagens schließt sich ein Maschinenraum mit Gerätegerüsten an, in dem Teile der Leittechnik untergebracht sind. Es handelt sich um Zugsteuergeräte, Linienzugbeeinflussung, Automatische Fahr- und Bremssteuerung, Zentrale Weg- und Geschwindigkeitsverarbeitung, Bremssteuerung, konventionelle Steuerebene und Diagnoserechner (DAVID). Für den Triebfahrzeugführer sind eigene Einstiegstüren im Bereich des Maschinenraumes vorhanden, die auch als Notausstieg für die Fahrgäste dienen können. Zum Fahrgastraum gibt es eine Verbindungstür.

Der Fahrgastraum entspricht grundsätzlich dem der übrigen Mittelwagen, besitzt jedoch nur ein WC und weist 52 Sitzplätze auf. Er ist als Nichtraucherwagen ausgeführt. Fahrgastraum und Führerstand besitzen getrennte Klimaanlagen, wobei die des Führerstandes derjenigen des Triebkopfes entspricht.

Ein Durchblick auf die Strecke ist den Reisenden wegen des Maschinenraumes nicht möglich.

Einsatz

Die Steuerwagen wurden im Nürnberger Werk von Adtranz endmontiert, die Triebköpfe im ehemaligen Krupp-Werk in Essen. Mit der Fertigstellung des letzten Triebkopfes gab Siemens den Schienenfahrzeugbau am Standort Essen auf.

Ende 1995 begann zunächst die Auslieferung der Triebköpfe der Baureihe 402, wenig später wurde begonnen, die Sitzwagen an die DB übergeben. Erst ein Jahr nach der Auslieferung der ersten Triebköpfe folgten die neu entwickelten Service- und Steuerwagen. Daher wurden die ICE 2 für ihre ersten Einsätze im Liniendienst ab September 1996 als „Vollzüge" gebildet, die aus zwei Triebköpfen und neun dazwischengereihten Sitzwagen bestehen. Für die Reisenden wurde zunächst ein „Am-Platz-Service" eingeführt, um das fehlende BordRestaurant zu ersetzen.

Die endgültige Zusammenstellung der neuen ICE 2 erfolgte im ehemaligen Rangierbahnhof München-Laim, der genügend freie Gleiskapazitäten besitzt und nahe dem Betriebshof München liegt. Die Mittelwagen wurden von den Herstellerwerken in Ammendorf, Düsseldorf, Nürnberg, und Salzgitter mit besonderen Schutz- und Kuppelwagen nach München überführt. Die spezielle Mittelpufferkupplung erlaubt ein Verbinden mit den normalen Schraubenkupplungen der herkömmlichen Fahrzeuge nicht. Ausgemusterte Reisezugwagen, vornehmlich ehemalige Leichtschnellzugwagen der yl-Bauart sowie Liegewagen, wurden daher für diese Überführungsfahrten einseitig mit einer ICE-gemäßen Kupplung versehen. Beidseitig mit solchen Wagen gekuppelt, wurden die Mittelwagen in normalen Güterzügen oder als Sonderzüge transportiert.

Die Züge waren zunächst in München beheimatet, wurden aber später nach Berlin-Rummelsburg umstationiert, da sie hier näher an ihren Einsatzstrecken gewartet werden können. Beide Werke wurden speziell für die Wartung von ICE-Zügen aus- bzw. neu gebaut.

Die Gestaltung dieser Variante eines deutschen Hochgeschwindigkeitstriebzuges als kürzerer Halbzug ermöglicht die Bildung von Flügelzügen, die in einem bestimmten Bahnhof geteilt werden und von dort getrennte Ziele anfahren. Damit versprach die DB ihren Kunden mehr umsteigefreie Direktverbindungen. Darüber hin-

Gegensätze: Eine ehemalige Reichsbahn-V 60 verschiebt eine ICE 2-Garnitur (Foto: Johannes Glöckner)

aus können mit den Halbzügen Relationen bedient werden, bei denen die Kapazität eines kompletten ICE 1 nicht ausgelastet würde. Als Beispiel wurde von der Bahn die spätere Haupteinsatzstrecke genannt: Zwei ICE 2 fahren gemeinsam von Berlin Ostbahnhof nach Hamm (Westf). Dort werden sie „geflügelt" (= geteilt) und einerseits über Essen nach Düsseldorf, andererseits über Wuppertal nach Köln und Bonn weitergeleitet. In der Gegenrichtung funktioniert das Verfahren umgekehrt. Dank der automatischen Kupplungen an den Zugenden lassen sich die Züge ohne ohne langwierige Manöver trennen und kuppeln.

Ähnlich geschah dies bei der Bedienung einzelner Relationen München – Hamburg/Bremen mit Zugtrennung bzw. -zusammenführung in Hannover Hbf. Häufig waren zwischen Hannover und München zwei Garnituren zu sehen, die Steuerwagen an Steuerwagen gekuppelt waren. Der Grund für diese Konstellation lag in der Befürchtung, bei Geschwindigkeiten über 200 km/h seien die voraus laufenden Steuerwagen instabil gegenüber seitlichen Winden. Vor allem auf der Strecke Hannover – Würzburg bestand durch die schnellen Wechsel zwischen Einschnitten und langen Brücken erhöhte Gefahr. Daher durfte mit Steuerwagen voran nur dann über Tempo 200 gefahren werden, wenn die Wetterprognosen keine Windböen voraussagten. Hierzu waren aber umständliche Ausnahmeregelungen notwendig. Die Betriebsplaner umgingen das Problem, indem sie dafür sorgten, dass an beiden Enden der Zugeinheit ein Triebkopf lief. Inzwischen ist zwar durch entsprechende Vorschriften geregelt, unter welchen Bedingungen die höheren Geschwindigkeiten unbedenklich sind; doch nun kommen diese Situationen in der Praxis nicht mehr vor, weil die ICE 2 diese Strecke nicht mehr befahren.

Für den ICE 2 sind in erster Linie die Ost-West-Verbindungen vorgesehen. Von Berlin über Hannover und das Ruhrgebiet nach Köln und von Hannover nach Bremen fahren die meisten Züge. Neben dem Komfortsprung durch den Einsatz des ICE 2 ging mit der Fertigstellung der Neubaustrecke Berlin – Hannover auch eine deutliche Zeitersparnis einher. Zusätzlich werden schon seit Herbst 1996 sogenannte Sprinter-Züge zwischen Frankfurt (Main) und Bremen gefahren, die nur in Hannover einen Zwischenstop einlegen. Dazu kommen einzelne Leistungen zwischen Dortmund und Frankfurt (Main) sowie zwischen Frankurt (Main) und München.

Daneben wurde zeitweilig überlegt, die ICE 2 auch im Metropolitan-Verkehr zu nutzen. Die Metropolitan GmbH, eine Tochter der DB AG, setzt seit Ende 1997 schnelle und komfortable Reisezüge mit neu gebauten Reisezugwagen zwischen Köln und Hamburg mit Zwischenhalten nur in Düsseldorf und Essen ein.

Das Flügelzug-Prinzip: Zwei Einheiten fahren gemeinsam Steuerwagen an Steuerwagen (Foto unten links in Essen: Dietmar Beckmann)
In Hamm wird der ICE aus Berlin getrennt. Eine Garnitur fährt via Wuppertal nach Köln, die andere via Dortmund nach Düsseldorf. Eine entsprechende Tafel weist die Fahrgäste auf dem Bahnsteig zu den richtigen Zugteilen (Fotos unten Mitte und rechts: Wolfgang Klee)

Kapitel 8:
ICE 3 mit Spitzentempo 330

Mehrsystemzug 406 554 der Niederländischen Staatsbahnen (NS): Mit dem Verkauf des ICE 3 in die Niederlande gelang es der deutschen Fahrzeugindustrie zum ersten Mal, ein Fahrzeug der ICE-Familie zu exportieren (Wegberg-Wildenrath, 9. Juli 1999, Foto: Malte Werning)

ICE

Auf der Relation Köln – Amsterdam können die Triebzüge der Baureihe 406 noch keine echten Fahrzeitgewinne einfahren (Foto: Michael Hubrich)

Die ab dem Jahr 2000 zu erwartenden Einsatzgebiete für Hochgeschwindigkeitszüge in Deutschland machten eine Abänderung des bisherigen ICE-Konzepts mit Triebköpfen und antriebslosen Mittelwagen erforderlich. Insbesondere die Neubaustrecke Frankfurt (Main) – Köln, deren Eröffnung nun wohl erst 2002 erfolgen wird, bedingt durch ihre Trassierung mit Steigungen von bis zu 40 Promille und eine projektierte Streckengeschwindigkeit von 300 km/h den Einsatz neu konzipierter Züge. Zudem müssen die Fahrzeuge für den Einsatz im benachbarten Ausland, insbesondere die Verlängerung über Köln hinaus nach Amsterdam, den Richtlinien und Fahrzeugbegrenzungen der jeweiligen Bahnverwaltung entsprechen.

Gefordert wurde eine Erhöhung der spezifischen Antriebsleistung von 10 kW/t beim ICE 1 auf nunmehr 20 kW/t, um auch

Die insgesamt 50 Züge der dritten ICE-Generation stehen seit Mitte 2000 im Fahrgastverkehr (Foto: Malte Werning)

auf den Altbaustrecken durch eine gute Beschleunigung Fahrzeitgewinne zu erzielen. Der Forderungskatalog für den ICE 3 verlangte weiterhin eine in beiden Fahrtrichtungen gleichwertig verwendbare Zugkonfiguration mit maximal 400 m Zuglänge, eine Höchstgeschwindigkeit von mehr als 300 km/h, die Einhaltung des europäischen Fahrzeugprofiles nach UIC-Norm 505, eine maximale Achslast von 17 t, die druckgeschützte Ausführung der Fahrgast- und Führerräume, den Einsatz an Bahnsteigen von 760 und 550 mm Höhe, den Betrieb unter den Stromsystemen 15 kV/16,7 Hz, 25 kV/50 Hz sowie Gleichstrom 1,5 kV und 3 kV und die Ausrüstung mit den Zugsicherungs- und Kommunikationssystemen der jeweiligen zu befahrenden Länder. All das erforderte die Abkehr vom Triebkopf-Konzept und die Hinwendung zu einer Konfiguration mit angetriebenen Mittelwagen.

Wagenkasten eines Triebkopfes am 2. September 2000 bei Adtranz in Hennigsdorf (Foto: Bodo Schulz)

Ansicht der Stirnpartie mit geöffneter Bugklappe und Scharfenberg-Kupplung (Foto: Bodo Schulz)

Entstehung

1994 bestellte die DB bei der Arbeitsgemeinschaft Siemens-AEG unter der Führung von Siemens 50 ICE-3-Züge: Die Züge für das deutsche Betriebssystem erhielten die Betriebsnummern 403 001 – 037, für 13 Mehrsystemzüge waren die Nummern 406 001 – 013 vorgesehen. Die Niederländische Staatsbahn NS bestellte 1995 vier Mehrsystemzüge 406 051- 054 für die Relation Amsterdam – Köln – Frankfurt. Zusätzlich besitzen die NS eine Option auf weitere 20 Züge. Damit konnte die deutsche Industrie den ersten Auslandserfolg mit dem ICE verbuchen.

Neben den ICE 3 orderte die DB 43 ICE-T-Züge mit Neigetechnik, so dass wesentliche Komponenten für beide Züge gemeinsam entwickelt und gebaut werden konnten.

Als Versuchsträger bauten Adtranz und Siemens die Mittelwagen des 1996 gebauten und der Serie des ICE 2 entnommenen Probezuges 410 101/102 des FTZ München im Jahre 1997 um. Die beiden Triebköpfe erhielten im Wesentlichen ein neues, auf eine Geschwindigkeit von 400 km/h ausgelegtes Getriebe. Daneben wurden ein antriebsloser Mittelwagen in den Transformatorwagen 410 801 und die beiden anderen Mittelwagen in die nun angetriebenen Mittelwagen 410 201 und 202 umgebaut.

Dieser als ICE S bezeichnete Triebzug brachte es auf eine Antriebsleistung von 13.600 kW, er diente neben der Erprobung des neuen Antriebssystems auch der weiteren Komponentenerprobung für den ICE 3, wie für die Klimaanlage, den Stromabnehmer und die neue Magnetschienenbremse. Ein weiterer angetriebener Mittelwagen 410 203 wurde im April 1997 in eine ICE 1-Garnitur zusammen mit den beiden ICE 2-Triebköpfen 402 013 und 014 eingereiht und als ICE D im normalen Fahrgastbetrieb erprobt.

Neue Wege ging die DB auch bei der Gestaltung des Erscheinungsbildes der neuen ICE-Generation. Den Wettbewerb für die Innen- und Außengestaltung gewann das Design-Büro Neumeister, welches daraufhin gemeinsam mit dem Siemens Design Center und der US-Firma Designworks den Auftrag zur Gestaltung der ICE 3 erhielt.

Technik

Der ICE 3 entstand als Triebzug ohne separate Triebköpfe. Die Antriebs- und Steuerungseinrichtungen sind unterflur unter den einzelnen Wagen eingebaut. Die achtteiligen ICE-3-Garnituren bestehen aus zwei vierteiligen Zughälften, die antriebstechnisch eine Einheit bilden. Jede Hälfte besteht aus je einem angetriebenen Endwagen, der die Stromrichter trägt, einem nicht angetriebenen Transformator-Mittelwagen mit dem DB-Stromabnehmer, einem weiteren angetriebenen Mittelwagen, der den zweiten Stromrichter trägt, und schließlich einem nicht angetriebenen Mittelwagen mit Batterie und Ladegerät. Die Wagenlängen betragen mit Rücksicht auf die internationale Verwendbarkeit 25.835 mm für die Endwagen und 24.775 mm für die Mittelwagen, wobei ein durchweg gleicher Drehzapfenabstand von 17.375 mm eine gleiche Wagenbreite von 2.950 mm für alle Fahrzeuge ermöglicht. Die Wagenkästen sind wie schon beim ICE 2 eine spanten- und spriegellose Integralkonstruktion aus Aluminium, neu konstruiert werden mussten die Untergestelle wegen der nun unterflurigen Aufnahme der einzelnen Aggregate. Neu gestaltet präsentieren sich die lufttechnisch optimierten Frontpartien der Züge mit der integrierten automatischen Bugkupplung.

Die von der Siemens-Tochter SGP entwickelten und von Adtranz gebauten Dreh-

Der Innenraum steht bis zur „Nasenspitze“ den Reisenden zur Verfügung (Foto: AG ICE)

Montage der ICE 3-Triebköpfe bei Siemens in Erlangen (Foto: AG ICE)

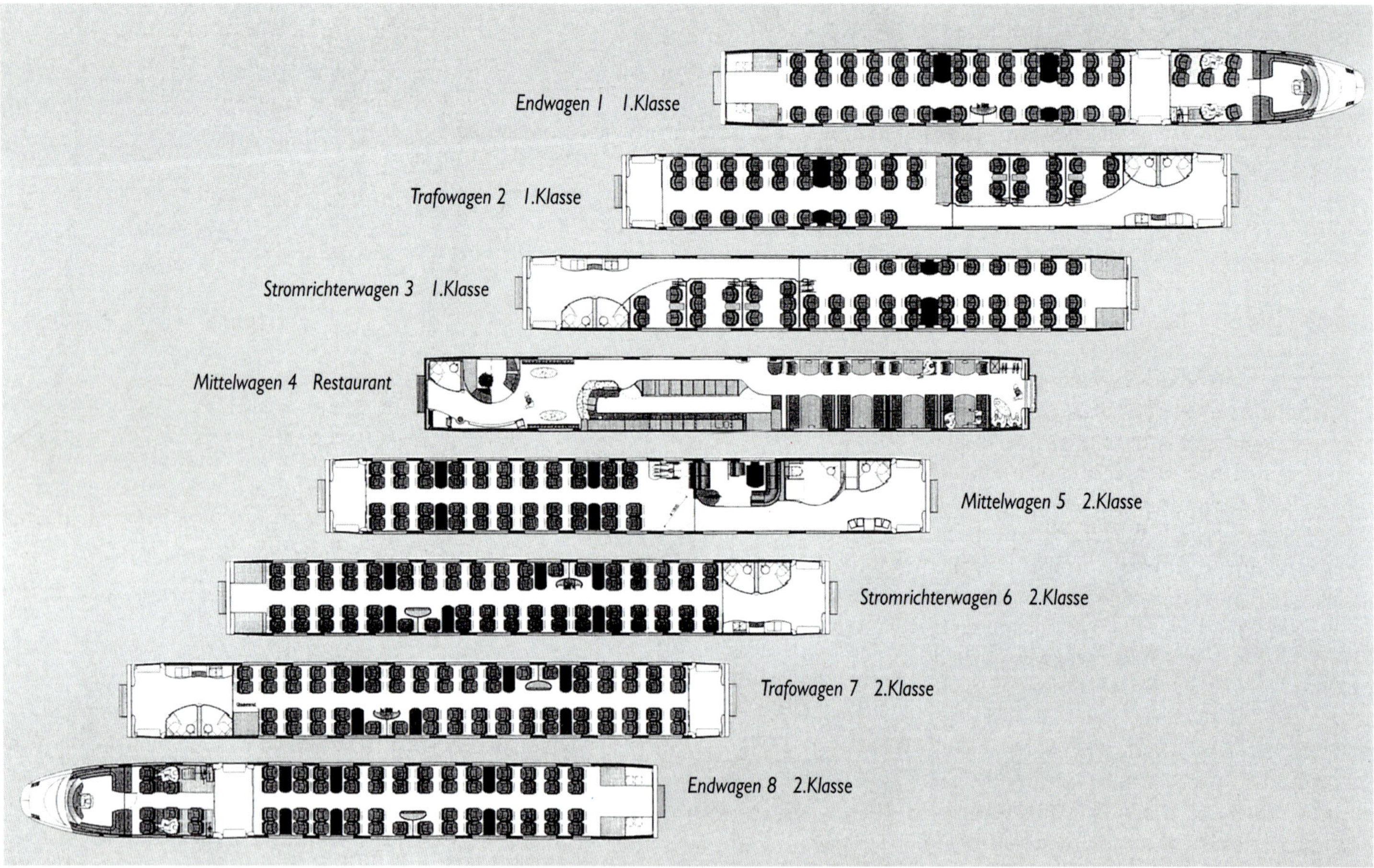

Die Wagenreihung und die Einrichtung des achtteiligen Mehrsystemzugs der Reihe 406 (Grafik: Siemens)

Technische Daten:

Baureihenbezeichnung		403	406	Dienstmasse Mittelwagen	t	46,6 – 53,8 49,2 –	
Indienststellung (1. Jahr)		2000	1999	58,1			
Hersteller	Adtranz, Siemens			Stromsystem:		15 kV, 16,7 Hz	
Radsatzanordnung:	Bo'Bo' + 2'2' + Bo'Bo' + 2'2' +			15 kV,			
	2'2' + Bo'Bo' + 2'2' + Bo'Bo'				16,7 Hz/25 kV,		
Länge Endwagen					50 Hz/1,5 kV=/3 kV=		
(über Kupplung)	mm	25.830	25.830	max. Anfahrzugkraft:	kN	300	300
Länge Mittelwagen				Dauerleistung:	kW	8000	
(über Kupplung)	mm	24.780	24.780	8000/4300/			
Breite Endwagen	mm	2,950	2,950			3600*	
Breite Mittelwagen	mm	2,950	2,950	Höchstgeschwindigkeit	km/h	330	
Höhe Endwagen	mm	3.890	3.890	330/220/220			
Höhe Mittelwagen	mm	3.890	3.890	Sitzplätze pro Zug 1. Klasse		141	136
Dienstmasse Endwagen	t	51,1	53,5	Sitzplätze pro Zug 2. Klasse		250	244

gestelle SGP 500 mit einem Achsstand von 2.500 mm sind eine Weiterentwicklung des im ICE 2 verwendeten Drehgestelles SGP 400 mit einer Primärfederung zwischen Radsatz und Drehgestellrahmen durch Schraubenfedern mit Gummielementen und Primärdämpfern und einer Sekundärfederung vom Drehgestellrahmen zum Wagenkasten mittels Luftfedern. Die nun deutlich leichteren Lauf- und Triebgestelle sind im Wesentlichen identisch und lediglich für die Aufnahme der jeweiligen Anbauteile entsprechend vorbereitet.

Die elektrische Ausrüstung der ICE 3 konnte gemeinsam mit den Neigetechnikzügen ICE-T entwickelt werden. Das führte zu einer weitgehenden Übereinstimmung der Fahrzeuge. Der unter dem Transformatorwagen (403/406.1 und 403/406.6) aufgehängte ölgekühlte Transformator mit Scheibenwicklungen hat eine Bauhöhe von lediglich 735 mm, seine Nennleistung beträgt 4.600 kW. Vom Transformator werden die unter den angetriebenen Stromrichterwagen (403/406.0, 403/406.2, 403/406.7 und 403/406.5) montierten wassergekühlten, aus GTO-Phasenmodulen aufgebauten Stromrichter mit einer Ausgangsleistung von je 2.200 kW, die jeweils vier parallelgeschalteten Fahrmotoren des Wagens über einen Pulswechselrichter mit Energie versorgt. Jede Antriebsachse wird von einem vierpoligen, fremdbelüfteten Drehstrom Asynchronmotor mit einer Leistung von 500 kW über eine radial und axial bewegliche Bogenzahnkupplung und ein einstufiges Radsatzgetriebe angetrieben.

Die Mehrsystemzüge tragen auf den beiden inneren Mittelwagen je einen weiteren Stromabnehmer. Für die Wechselspannungsnetze der Schweiz, Frankreichs und Belgiens hat der auf den antriebslosen Mittelwagen 406.3 und 406.8 montierte Stromabnehmer eine Wippenbreite von 1.450 mm gegenüber den 1.950 mm der DB-Wippe. Für den Gleichstrombetrieb sind die Stromabnehmer auf den Stromrichterwagen 406.2 und 406.7 montiert, wegen der fehlenden Hochspannungsleitung sind im Gleichstrombetrieb stets beide Stromabnehmer angelegt.

Eine Neuheit ist die schon einmal im ICE-V erprobte Wirbelstrombremse, welche zur praktischen Anwendung im ICE 3 weiterentwickelt wurde. Zudem verfügen die ICE 3 über die herkömmliche generatorische Bremse mit Netzrückspeisung und die Druckluft-Scheibenbremse.

Die Steuerung und Diagnose der ICE 3 erfolgen mittels SIBAS(r)32-Steuergeräten.

Eine wesentliche Voraussetzung für den Einsatz des ICE 3 als „Europa-Zug" ist seine signaltechnische Ausstattung. Als erster Hochgeschwindigkeitszug wird er mit dem auf Mobilfunkbasis funktionierenden europäischen Zugsteuerungs- und Zugsicherungssystem, dem European Train Control System (ETCS), ausgestattet, das künftig weitgehend auf ortsfeste Signale am Bahndamm verzichtet.

Einrichtung

Der erste Endwagen ist als Erster-Klasse-Wagen ausgestattet. Eine Lounge, der davon nur mit einer Glasscheibe abgetrennte Führerstand, ein Einstiegsbereich, ein Großraum mit Reihen- und Vis-a-vis-Bestuhlung sowie der Gepäckablagebereich nutzen den Innenraum. Es stehen 53 Sitzplätze zur Verfügung.

Der folgende Trafowagen ist ebenfalls für die erste Klasse eingerichtet. Er nimmt neben einem Großraum mit 29 Plätzen auch drei Abteile mit 14 Plätzen sowie zwei Toiletten auf.

Europaweites Signalsystem

Um auf Europas Gleisen unbeschränkt und ohne Grenzen fahren zu können, benötigen die eingesetzten Züge ein einheitliches Sicherheitssystem. Noch benutzt jede Bahn ihr eigenes System, überwiegend mit ortsfesten Signalen. In Deutschland wurde unter dem Namen „DIBMOF" ein neues System entwickelt, das die bisherige Technik revolutionieren soll. Es übermittelt Daten und Befehle zwischen Betriebsleitstellen und Triebfahrzeugen mit moderner Mobilfunktechnik. DIBMOF steht dabei für „Dienstintegrierender Bahnmmobilfunk" und wurde bereits auf der Strecke Stuttgart – Bruchsal ausgiebig getestet. Das öffentliche Mobilfunksystem, das Global System for Mobile Communication (GSM-Standard), wurde für diesen Einsatz an die besonderen Erfordernisse der Eisenbahnsicherung angepasst, und es entstand GSM-R(ail).

Die Deutsche Bahn beabsichtigt nun, sämtliche Kommunikation zwischen ihren Leitstellen und fahrenden Zügen auf GSM-R-Technik umzustellen. Dies betrifft den klassischen Zug- und Rangierfunk sowie das gesamte Zugsicherungsverfahren. Weiter sind telematikähnliche Eingrifffe in die Fahrzeugsteuerung und aktuelle Fahrgastinformationen geplant. Der Vorteil liegt in der Möglichkeit, alle Daten an den jeweiligen Ist-Zustand des Fahrzeugs anzupassen. Langfristig soll auf allen Schnellfahrstrecken die Linienzugbeeinflussung (LZB) vollständig durch drahtlose Zugbeeinflussung über GSM-R ersetzt werden.

Auf europäischer Ebene soll mit dem European Train Control System (ETCS) eine europaweit einheitliche Struktur geschaffen werden, die nationale Systeme miteinander verbindet. Es schafft die Möglichkeiten eines grenzüberschreitenden Fahrzeugeinsatzes ohne die jeweilige nationale signaltechnische Ausrüstung im Zug.

In dieses mit EU-Mitteln geförderte Projekt fand das deutsche DIBMOF-Projekt Eingang als European Rail Traffic Management System (ERTMS).

Erste deutsche ETCS-Strecke soll Ludwigsfelde – Jüterbog – Halle/Leipzig werden, auf der mit der neuen Technik ausgestattete ICE 3 getestet werden. Die Ergebnisse fließen dann in die ETCS-Ausrüstung der Neubaustrecke Köln – Rhein/Main ein, auf der das System erstmals in den Regeleinsatz gehen soll. In den nächsten Jahren sollen rund 27 000 Kilometer Strecke mit GSM-R ausgestattet werden.

Bild rechts:
Gepflegte Gastlichkeit im BordRestaurant des ICE 3 (Foto: Wolfgang Klee)

Einer der vier niederländischen ICE-Züge überquert die Ruhr-Niederungen zwischen Oberhausen und Duisburg. Ungewohnt wirkt nur das blaue Signet der Niederländischen Staatsbahn im roten ICE-Streifen (Foto: Thomas Feldmann)

Der Stromrichterwagen ist der dritte Wagen erster Klasse und entspricht in der Innenausstattung dem zweiten Wagen.

Wagen Nummer 4 beherbergt das Bord Restaurant mit Küche und 24 Sitzplätzen. Auch ein Bistro-Bereich und eine Toilette sind hier eingerichtet. Als fünfter Wagen ist ein Wagen mit einem Großraum zweiter Klasse, einem Familienabteil und einem behindertengerechten WC eingereiht.

Der sechste Wagen, ein Stromrichterwagen, besitzt eine Ausstattung zweiter Klasse, in der wie beim IC-T keine Abteile mehr vorgesehen sind.

An sechster Stelle befindet sich der zweite Trafowagen, dessen Inneres wie der Wagen sechs eingerichtet ist. Abgeschlossen wird die Garnitur durch einen weiteren Endwagen. In ihm sind ein Großraum zweiter Klasse und – an der Stirnseite – eine Lounge analog zu der in der ersten Klasse eingerichtet.

Der ICE 3 bietet 130 Plätze in der ersten und 244 in der zweiten Klasse. Dazu kommen 24 Sitzplätze im Restaurant, neun Toiletten, eine behindertengerechte Toilette und eine Personaltoilette.

Die Ähnlichkeiten zwischen ICE 3 und ICE-T bei der besonders dynamisch anmutenden und aerodynamisch ausgefeilten Frontgestaltung und bei den Innenräumen sind unverkennbar und beabsichtigt. Die „Verwandtschaft" der beiden Züge sollte deutlich werden. Einen Verzicht auf die Abteile – wie gegen den Rat der federführenden Fachabteilungen auf DB-Vorstandsbeschluss beim ICE 2 geschehen – wird es in der ersten Klasse nicht wieder geben.

Einsatz

Ab dem Frühjahr 1999 erfolgte auf dem Siemens-Testgelände in Wegberg-Wildenrath die Komplettierung und Inbetriebnahme der angelieferten Fahrzeuge. Am 9. Juli 1999 präsentierten die Hersteller und die DB hier erstmals den ICE 3 der Öffentlichkeit. Die Abnahme der für den Expo-Verkehr benötigten ersten ICE-3-Züge erfolgte für acht Züge der Reihe 403 und für drei Züge 406 am 25. Mai 2000, so dass sie pünktlich zum Beginn der Expo am 1. Juni zur Verfügung standen. Im Juli 2000 waren 17 Züge der Reihe 403 sowie drei Mehrstromzüge der BR 406 ausgeliefert und beim Werk München-Süd beheimatet.

Die neuen Triebzüge bedienen zunächst den Reisezugverkehr auf der konventionellen Strecke zwischen Amsterdam und Köln bzw. Frankfurt (Main). Nach Fertigstellung der im Bau befindliche Neubaustrecke Köln – Frankfurt (Main) werden sie diese Höchstgeschwindigkeit von 330 km/h nutzen. Diese Strecke wird votrrangig das Einsatzgebiet der 403 sein, in der Verlängerung bis Amsterdam das der 406. Seit November 2000 befahren auch die niederländischen Züge die Strecke Amsterdam – Köln. Die Technik der Viersystemzüge wird den Einsatz neben den Niederlanden auch in Frankreich, Belgien und der Schweiz ermöglichen. Geplante Linien sind Frankfurt (Main) – Köln – Brüssel – Paris und möglicherweise Paris – Straßburg – Frankfurt (Main) – Berlin. Dazu können die Züge sowohl unter 15 kV / 16,7 Hz als auch unter 25 kV/50 Hz Wechselspannung sowie 1500 V oder 3000 V Gleichspannung laufen.

KAPITEL 9:

Alternative auf alten Schienen – Neigezüge

Die Gäubahn Stuttgart – Singen (– Zürich) war im Sommer 1999 die erste Einsatzstrecke der Neigetechnik-ICE. Zum Einsatz kommen hier die „kurzen" Züge der Reihe 415. Auf dem eingleisigen Abschnitt Horb – Tuttlingen legt sich einer der fünfteiligen Züge in die Kurve. (Foto: Stephan Czarnecki)

Um auch auf vorhandenen Strecken mit zum Teil engen Kurvenradien einen Innovationsschub hinsichtlich Komfort- und Fahrzeitgewinn zu erzielen, bestellte die DB in den Jahren 1994 und 1996 Triebzüge mit einer aktiven Neigetechnik. Im Einzelnen handelt es sich um 43 Einheiten mit elektrischem Antrieb und einer Höchstgeschwindigkeit von 230 km/h (ICE-T) sowie 20 Züge mit diesel-elektrischem Antrieb für Geschwindigkeiten von bis zu 200 km/h (ICE-TD).

Bei den elektrisch angetriebenen ICE-T-Zügen wird das von Fiat entwickelte und inzwischen weltweit bewährte Pendolino-Konzept des ETR 460 der FS Italia verwirklicht. Bei diesem Konzept sind die Fahrmotoren in Längsrichtung in den Wagenkasten eingebaut und über eine Gelenkwelle mit den Achsen verbunden. Der Hersteller Fiat Ferroviaria ist am IC-Neitech-Konsortium beteiligt. Die anderen Partner sind DWA Görlitz, Duewag und Siemens. Zur Erhaltung und Weiterentwicklung der mit dem

Bei schneller Fahrt durch Bögen neigt ein aktives System den Wagenkasten um acht Grad zur Seite. Das mindert die Wirkung der Fliehkraft auf die Fahrgäste (Grafik: Konsortium ICT)

Der schnelle deutsche Neigezug läuft auf Drehgestellen von Fiat Ferroviaria, die sich bereits unter italienischen Pendolini bewährt haben (Foto: Konsortium ICT)

ICE 2 erstmalig verwirklichten Flexibilität eines Halbzugkonzepts wurde aus der dem ETR 460 zugrundeliegenden Modularität ein neues, an den konkreten Einsatzfällen des ICE-T orientiertes Triebzugkonzept entwickelt, das eine fünf- und eine siebenteilige Variante vorsieht. Durch Kuppeln der Züge sind insgesamt sechs verschiedene Kombinationen in der Zugbildung möglich, um unterschiedlichen Nachfragesituationen gerecht zu werden:

- Triebzug als siebenteiliger 411
- Triebzug als fünfteiliger 415
- Verdopplung durch Kupplung zweier gleichartiger Triebzüge
- Kombination eines 411 und eines 415
- Kupplung von drei 415

Die verschiedenen Zugzusammenstellungen erlauben die Realisierung von Flügelzugkonzepten, wobei ausgehend von einer Stammrelation bis zu drei verschiedene Zweige bedient werden können. Aufgrund der konzeptionellen Erwägungen, die die Verwendung des fünfteiligen 415 zunächst überwiegend als Verstärkungseinheit und für Einsätze in verkehrsschwachen Zeiten vorsehen, ergab sich für die Bestellung zunächst ein Verhältnis von 32 siebenteiligen zu elf fünfteiligen ICE-T.

Es besteht die Option, bei Einsätzen auf entsprechend nachgefragten Strecken mit einem weiteren Mittelwagen auch achtteilige Einheiten bilden zu können.

Da aber noch nicht alle Untersuchungen zu diesem Thema abgeschlossen sind, sind die Züge für ein mögliches Einstellen zusätzlicher Mittelwagen mit und ohne Antrieb vorgerüstet.

Das Antriebskonzept der ICE-T folgt den bekannten Vorteilen von Triebzugkonzepten gegenüber der mit dem ICE realisierten Triebkopfvariante: Erhöhte Anzahl von Sitzplätzen bei gleicher Zuglänge, Verteilung der

Erste Probefahrten des ICT im Mai 1998 auf dem Testring in Wegberg-Wildenrath (Foto: Thomas Feldmann)

Traktionsleistung auf die gesamte Zuglänge und damit niedrigere Haftwertbeanspruchung des Rad-Schiene-Systems. Dies erfordert zwar die Streuung der bislang geballt in die Triebköpfe eingebauten Einrichtungen über den ganzen Zug, hat aber auch eine weitgehend gleichmäßige Verteilung der Zuglasten auf alle Achsen zur Folge.

Gleichzeitig erhalten die ICE-T neuartige Neitech-Drehgestelle, bei denen die Fahrmotoren erstmalig komplett innerhalb der Drehgestelle eingebaut werden konnten. Neu an den ICE-T ist auch das Leitsystem, dessen Kernstück ein drahtgestützter Zugbus (WireTrainBus – WTB) darstellt. In den Endwagen ist der WTB über redundante

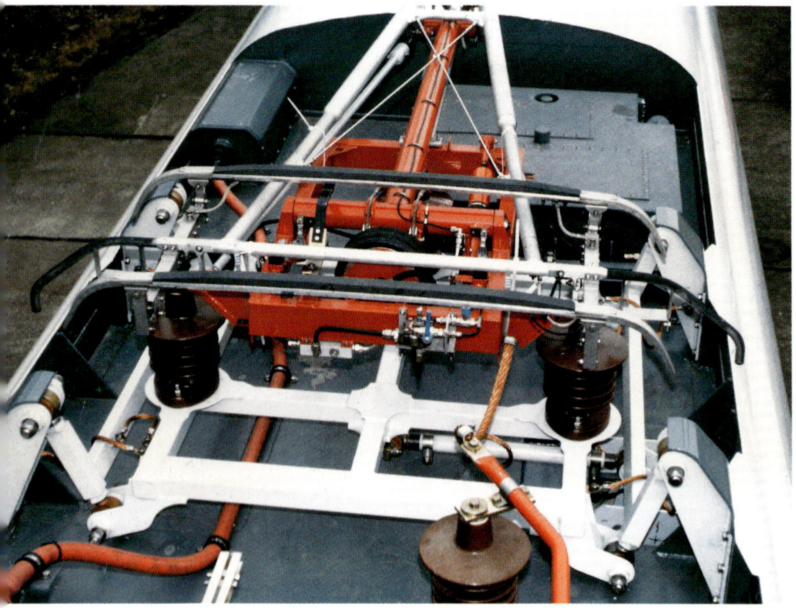

Ansicht der Dachpartie mit Blick auf den Einholm-Pantographen (Foto: Konsortium ICNT)

Blick in den Service-Bereich des Wagens 3 mit Infotheke (Foto: Konsortium ICNT)

Gateways mit dem Fahrzeugbus nach MVB-Standard gekoppelt (Multifunction Vehicle Bus).

Einrichtung

Die verschiedenen Zugkonfigurationen des ICE-T werden aus drei fest zusammen gehörenden Basiswagen und antriebslosen Mittelwagen (MW) gebildet.

- Endwagen (EW): Führerraum, leittechnische Zentrale für eine Zughälfte, Hochspannungseinrichtung, Stromabnehmer, Transformator, Zugsammelschienenumrichter;
- Stromrichterwagen (SRW): Traktionsstromrichter für eine Zughälfte, zwei Fahrmotoren;
- Fahrmotorwagen (FMW): zwei Fahrmotoren, Batterien, Batterieladegerät;

Die Verteilung von Geräten und Funktionen für den siebenteiligen 411 ist nachfolgend beschrieben.

- Wagen 1, Baureihe 411.5: EW mit Lounge und Sitzplätzen für die erste Klasse und Servicezone für Großgepäck;
- Wagen 2, Baureihe 411.6: SRW mit Sitzplätzen für die erste und zweite Klasse und Servicezone für Großgepäck;
- Wagen 3, Baureihe 411.7: FMW mit Restaurant und Sonderabteilen;
- Wagen 4, Baureihe 411.8: MW mit Sitzplätzen für die zweite Klasse und Servicezone für Großgepäck;

Technische Daten:

Baureihenbezeichnung		411	415
Indienststellung (1. Jahr)		1999	1999
Hersteller		DWA, Duewag, Fiat, Siemens	
Radsatzanordnung (411)		2'2' + (1A)'(A1)' + (1A)'(A1)' +2'2' + (1A)'(A1)' + (1A)'(A1)' +2'2'	
Länge Endwagen (über Kupplung)	mm	27.500	27.500
Länge Mittelwagen (über Kupplung)	mm	25.900	25.900
Breite Endwagen	mm	2.850	2.850
Breite Mittelwagen	mm	2.850	2.850
Höhe Endwagen	mm	3.840	3.840
Höhe Mittelwagen	mm	3.840	3.840
Dienstmasse Endwagen	t	54,7 – 55,5	273
Dienstmasse Mittelwagen	t	45,1 – 55,8	273
Stromsystem:		15 kV, 16,7 Hz	15 kV, 16,7 Hz
max. Anfahrzugkraft:	kN	200	150
Dauerleistung:	kW	4000	3000
Höchstgeschwindigkeit	km/h	230	230
Sitzplätze pro Zug 1. Klasse		53	41
Sitzplätze pro Zug 2. Klasse		304	209
Sitzplätze pro Zug Restaurant		24	0

Blick in das Kinderabteil mit Spielteppich und Motorrad (Foto: Konsortium ICNT)

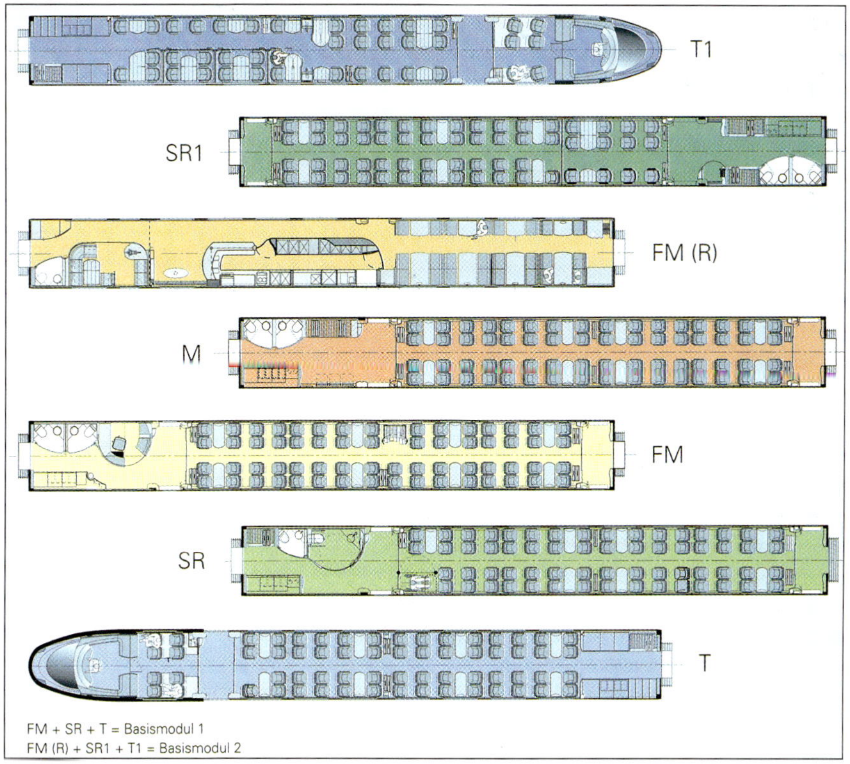

oben; Blick über die Schulter des Lokführers bei der Ausfahrt aus Stuttgart Hbf (Foto: Thilo Kreier)

Mitte: Grundrisse des ICT – Endwagen 1. Klasse, Stromrichterwagen 1./2. Klasse, Motorwagen mit Restaurant, Mittelwagen 2. Klasse, Motorwagen 2. Klasse, Stromrichterwagen 2. Klasse, Endwagen 2. Klasse (von oben; Grafik: Konsortium ICT)

unten: Im Bordtreff des ICT (Foto: Thilo Kreier)

- Wagen 5, Baureihe 411.2: FMW mit Sitzplätzen für die zweite Klasse, Sonderabteilen und Servicezone für Großgepäck;
- Wagen 6, Baureihe 411.1: SRW mit Sitzplätzen für die zweite Klasse, Sonderabteilen und Servicezone für Großgepäck;

Wagen 7, Baureihe 411.0: EW mit Lounge und Sitzplätzen für die zweite Klasse und Servicezone für Großgepäck.

Die Realisierung des fünfteiligen 415 geschieht nach dem folgenden Muster.

- Wagen 1, Baureihe 415.5: EW mit Lounge und Sitzplätzen für die 1. Klasse und Servicezone für Großgepäck;
- Wagen 2, Baureihe 415.6: SRW mit Restaurant und Sonderabteilen;
- Wagen 3, Baureihe 415.7: FMW mit Sitzplätzen für die zweite Klasse, Sonderabteilen und Servicezone für Großgepäck;
- Wagen 4, Baureihe 415.2: SRW mit Sitzplätzen für die zweite Klasse, Sonderabteilen und Servicezone für Großgepäck;
- Wagen 5, Baureihe 415.0: EW mit Lounge und Sitzplätzen für die zweite Klasse und Servicezone für Großgepäck.

Die Einrichtungselemente der einzelnen Wagenzonen sind modulartig so konstruiert, dass kurzfristige Umrüstungen und Neuaufteilungen möglich sind.

So kann beispielsweise der Großraum der Endwagen mit wenigen Handgriffen für den Fahrradtransport im Sommer hergerichtet werden. Im Winterhalbjahr lassen sich anstelle der Fahrradständer jedoch Sitzplätze oder auch – für Fahrten in oder von Wintersportgebieten Skihalterungen installieren.

Darüber hinaus orientieren sich die Montageplätze von Stühlen und Tischen an einem leicht zu verändernden Raster, das auch die Veränderung der zugehörigen Einrichtungen wie Leselampen, elektronischer Reservierungsanzeigen und Audioanschlüssen zulässt.

Einsatz

Der erste fünfteilige Vorauszug, der auf dem Prüfgelände von Siemens in Wegberg-Wildenrath in Betrieb gesetzt wurde, war noch nicht im Serienzustand und zum Teil mit Funktionsmustern ausgerüstet. Im Frühjahr 1998 ging er erstmalig vor allem zur Erprobung der leittechnischen Ausrüstung auf die Strecke. Hierbei spielte auch das Zusammenspiel der neuen Zugbeeinflussungsanlage mit dem Zug eine bedeutende Rolle.

Gleichzeitig erfolgten die Zusammenstellung der ersten Serienzüge Baureihe 415 und anschließend die Abnahme seitens des EBA. Alle Inbetrieb- und Abnahmearbeiten wurden vollständig durch das Prüfzentrum Wegberg-Wildenrath mit dem Ziel durchgeführt, im Februar 1999 an die DB komplett betriebsbereite Züge zu übergeben.

Der erste Einsatz der 415 erfolgte im Sommerfahrplan 1999 auf der ICE-Linie 30 zwischen Stuttgart und Zürich.

In den Monaten Dezember 1999 und Januar 2000 wurde der Einsatz des ICE-T ausgedehnt, wobei auch die siebenteiligen 411 erstmalig zu Planzugehren kamen. Einsatzschwerpunkt waren die Relationen Düsseldorf – Berlin-Wannsee, München – Berlin-Zoologischer Garten und später Frankfurt (Main) – Dresden.

Mit Beginn der EXPO 2000 am 1. Juni 2000 übernahmen die ICE-T dann einen Großteil des Zubringerverkehrs zur Weltausstellung und kehrten erst nach deren Ende verstärkt auf die üblichen Einsatzstrecken zurück.

Wie bei den meisten Neufahrzeugen, traten auch bei den ICE-T im Verlauf der ersten Einsätze technische Probleme auf. Am 1. März 2000 entgleiste während einer Überführungsfahrt ein 411 auf der Berliner Stadtbahn in Höhe des Lehrter Stadtbahnhofs. Grund für die Entgleisung, die ein tagelanges Chaos im Regional- und Fernverkehr nach sich zog, war ein fehlerhaftes Rückschlagventil in einer Hydraulikleitung. Die gesamte ICE-T-Flotte stand bis zur Ermittlung der Unglücksursache und des Austauschs des fehlerhaften Teils still.

Als problematisch erwies sich anfangs auch das Stärken und Schwächen der Züge auf Unterwegsbahnhöfen. Da sich die geplanten Kupplungs- und Entkupplungsvorgänge aufgrund mechanischer und elektronischer Probleme länger als fahrplantechnisch vorgesehen hinzogen, kam es immer wieder zu erheblichen Zuglaufstörungen. Besonders betroffen war hiervon die Linie Frankfurt (Main) – Dresden, auf der die Zugläufe zeitweise in Leipzig gebrochen werden mussten. Weitere Probleme bereiteten im Sommer 2000 die Überstromauslöser der Züge, die in den Monaten Juli und August 2000 eine Nachrüstung mit Motorschutzschaltern erforderlich machte.

Bis zum Herbst 2000 hatte die DB alle elektrischen ICE-T abgenommen und in Frankfurt/M-Griesheim stationiert. Da inzwischen auch die technischen Kinderkrankheiten weitgehend behoben werden konnten, kann der Fahrkomfort der Züge nunmehr im täglichen Einsatz erlebt werden. Die Neigetechnik ermöglicht auf den ICE-T-Relationen inzwischen auch nennenswerte Fahrzeitgewinne, die zum Beispiel alleine zwischen Leipzig und Nürnberg fast eine halbe Stunde ausmachen. Insbesondere eine Fahrt durch das landschaftlich schöne und kurvenreiche Saaletal sowie die anschließende Durchquerung des Frankenwaldes hinterläßt bei aufmerksamen Fahrgästen einen nachhaltigen Eindruck der Leistungsfähigkeit moderner Eisenbahntechnik.

Auf der Gäubahn begann die Karriere des ICT. Der 415 083 trifft im August 2000 im Bahnhof Horb ein (Foto: Norman Kampmann)

Kapitel 10:
Der Diesel-ICE

Gegenüber der schnellen elektrischen Version kommt der Diesel-ICE mit Tempo 200 eher gemächlich daher, dafür ist er aber fahrdrahtunabhängig (Foto: Gerhard Klein)

ROOP & REIN

Im Anschluss an die Bestellung der aktuellen ICE-Generationen ICE 3 und ICE-T für den Oberleitungsbetrieb erfolgte seitens der DB im Februar 1995 die Ausschreibung für einen vierteiligen Dieseltriebzug mit Neigetechnik und Ausstattung entsprechend dem ICE-Standard. Im Juli 1996 bestellte die DB beim Konsortium ICE-VT, welches sich unter der Federführung von Siemens aus den Firmen Duewag, DWA und Siemens zusammensetzte, 20 dieselelektrisch angetriebene Schnelltriebwagen mit Neigetechnik als zukünftige Baureihe 605. Festgelegt wurden seitens der DB die Höchstgeschwindigkeit von 200 km/h, 195 Sitzplätze sowie die maximale Radsatzlast von 14,5 t. Gefordert wurde weiterhin die gemeinsame Steuerung von bis zu drei Zügen 605 und als Neuheit auch die Doppeltraktionsfähigkeit mit dem elektrischen Triebzug ICE-T. In der Ausführung und im fahrgastrelevanten Bereich sollte der elektrische Neigetechnikzug ICE-T – DB-Baureihen 411 und 415 – als Vorbild dienen. Nachträgliche Änderungswünsche seitens der DB betrafen die Vergrößerung der kleinen Bistro-Küche hin zu einer Speisewagen-Küche sowie die Ausstattung aller Züge für Einsätze in der Schweiz.

Die Fertigung der Triebköpfe Züge erfolgte im Bombardier-Werk Ammendorf (vormals DWA), die Rohbauten erstellte Fiat Ferroviaria in Savigliano (I), die Mittelwagen baute Siemens-Duewag in Uerdingen und die Fahrzeugelektrik richtete Siemens Verkehrstechnik in Erlangen ein.

Im Februar 1999 begann im Siemens-Prüfzentrum Wildenrath die Inbetriebnahme des ersten Zuges, im April schon konnten mit dem Zug 605 001 die ersten Probefahrten mit eigener Kraft auf dem Versuchsring durchgeführt werden.

Im Gegensatz zum elektrischen Bruder ist der Diesel-ICE nur vierteilig (Foto: Wolfgang Klee)

Am 18. August 1999 erreichte erstmals ein 605 zwischen Rheda und Oelde im Verlauf der Strecke Hamm – Bielefeld die Geschwindigkeit von 200 km/h. Am 13. Februar 2000 erzielte der Zug 605 002 anlässlich von Schnellfahrversuchen auf der Strecke Göttingen – Hannover die Geschwindigkeit von 222 km/h und damit den deutschen Rekord für Brennkrafttriebfahrzeuge. Im Mai 2000 erfolgten mit dem 605 011 die Einstellungsfahrten für das Netz der Schweizerischen Bundesbahnen im Raum Zürich. Ab Ende 1999 begann schließlich die Unterweisung des DB-Personales des Betriebshofes Hof, dem zukünftigen Heimatstandort der ICE-TD-Züge.

Der ICE-TD bietet durch das Einfügen eines weiteren, mit Stromabnehmer, Hochspannungsausrüstung, Transformator und Gleichrichter ausgestatteten Mittelwagens die Möglichkeit, einen Zweikraft-Triebzug zu bilden und damit auf elektrifizierten Strecken besonders wirtschaftlich betrieben werden zu können.

Technik

Ein Triebzug ICE-TD besteht aus zwei technisch identischen Triebköpfen 605.0 und 605.5 mit einer Länge von je 27000 mm sowie zwei wieder untereinander identischen Mittelwagen 605.1 und 605.2 mit einer Länge von je 25000 mm, wobei je ein Triebkopf und der benachbarte Mittelwagen traktionstechnisch eine Einheit bilden.

Die Wagenkästen wurden in einer gewichtssparenden spantenlosen Aluminium-Integralbauweise gefertigt. Die Kopfteile sind aus glasfaserverstärktem Kunststoff gefertigt und mit dem Rohbauunterteil verklebt. Jeder Einzelwagen besitzt zwei neuentwickelte Komfort-Drehgestelle des Typs Siemens-SGP SF 600, deren Rahmen als offener, doppelter H-Rahmen ausgeführt ist. Die Radsätze werden in einer Schwinge geführt. Die Neigetechnik erlaubt einen maximalen Neigewinkel von 8° nach jeder Seite. Die von Siemens entwickelte Neigetechnik mit dem elektromechanischen Stellantrieb ist vollständig im Drehgestell integriert. Neben der Luftfederung sind die Drehgestelle zusätzlich mit einem aktiven Querzentrierungssystem aus einem Paar elektronisch geregelter, pneumatischer Zylinder ausgestattet, welche den Wagenkasten auch bei schneller Bogenfahrt in Mittelstellung halten und somit unangenehme Querstöße vermeiden. Die beiden quer eingebauten, zweilagerigen schleifringlosen Drehstrom-Synchronmotoren des einen Triebgestelles jeden Wagens sind ebenfalls vollständig im Drehgestell integriert und treiben über eine Bogenzahnkupplung und Getriebe den zugehörigen Radsatz an. Jedes Wagen verfügt über einen wassergekühlten Cummins-Sechszylinder-Viertakt-Dieselmotor QSK 19-R mit einer Leistung von 560 kW in Unterflurbauweise, wie er auch beim Regio Swinger der Baureihe 612 verwendet wird. Der Dieselmotor und der direkt daran angeflanschte Generator sind auf einem gemeinsamen unterflurigen Tragrahmen aufgebaut, dieser ist sowohl gegenüber den beiden Aggregaten als auch gegenüber dem Wagenkasten mittels Gummi-Metall-Elementen gelagert, um die Körperschallübertragung auf die Fahrgasträume zu vermindern. Die Generatoren eines Mittelwagens und des zugehörigen Kopfwagens weisen über Gleichrichterbrücken auf einen gemeinsamen Zwischenkreis, an den der Traktionswechselrichter im Kopfwagen und der Energieversorgungsblock zur Bereitstellung der elektrischen Hilfsbetriebeenergie in den Mittelwagen angeschlossen ist. Der wassergekühlte GTO-Wechselrichter versorgt die vier parallel geschalteten Fahrmotoren der beiden Wagen. Aus dem Zwischenkreis der Energieversorgung wird der Energieversorgungsblock (EVB) im Mittelwagen gespeist. Ein Energieversorgungsblock versorgt die verschiedenen Bordnetze eines Kopf- und eines Mittelwagens. Dazu werden über die IGBT-Eingangsmodule und den EVB-Zwischenkreis verschiedene IGBT-Drehrichter betrieben.

Die Leittechnik des ICE-TD besteht aus zwei redundanten Zugsteuergeräten (ZSG), welche die Traktionswertsollvorgaben für die Antriebssteuergeräte (ASG), die Bordnetz- und Hilfsbetriebesteuerung, die Befehlsvorgaben für die Subsysteme wie Klimaanlage oder Türsteuerung und die Kontrolle über den Multifunctional Vehicle Bus (MVB) und die Gateway-Kommunikation regeln. Als Steuerungselement übernimmt das ZSG die Auswertung der Bedienungselemente und die Ansteuerung der Anzeigen im Führerpult, die Traktionssollwertvorgabe für den gesamten Zug, die Automatische Fahr- und Bremssteuerung, das Ankoppeln der Zugsicherungssysteme LZB 80/16 für die DB und ZUB 262 für die Geschwindigkeitsüberwachung Neigetechnik sowie die SBB-Funktion, die Sifa-Funktion, die zentrale Weg- und Geschwindigkeitserfassung sowie die Steuerung des Vorbereitungs- und Abschlussdienstes. Die beiden ASG übernehmen die Steuerungs- und Regelungsaufgabe sowie die Diagnose- und Überwachungsfunktion für den Antrieb einer Traktionseinheit und steuert die beiden „Power Interface Modul" der beiden Dieselmotoren.

Der ICE-TD verfügt über eine selbsttätig wirkende, mehrlösige Druckluftscheibenbremse der Bauart KE, Magnetschienenbremsen sowie eine elektrodynamische Widerstandsbremse.

Von München aus startete der ICE-TD zu Probefahrten. Zu den geplanten Einsatzstrecken zählt die Allgäubahn München – Lindau (Foto: Christian Völk)

Einrichtung

Der Kopfwagen 605.0 verfügt über einen Großraum der 2. Wagenklasse mit 55 Sitzplätzen. Zwischen dem Führerraum und dem Einstiegsbereich ist eine Lounge mit acht Sitzplätzen eingerichtet. Zur Mitnahme von Fahrrädern kann der an den Einstiegsbereich anschließende Teil des Großraums auf eine Länge von 4800 mm zu einem Fahrradabteil mit Haltemöglichkeiten für zehn Fahrräder umgestaltet werden. Im Mittelwagen 605.1 findet sich ein weiterer Großraum 2. Klasse mit 45 Sitzplätzen, außerdem das Eltern-Kind-Abteil, der behindertengerechte Bereich einschließlich eines behindertengerechten WC, an den Wagenenden je ein weiteres WC sowie eine Telefonzelle. Der Mittelwagen 605.2 beinhaltet einen weiteren Großraum 2. Klasse mit 40 Sitzplätzen, die Bordküche, das Stehbistro, das Zugbegleiterabteil sowie zwei Toiletten am dem Kopfwagen 605.5 zugewandten Wagenende. Dieser reine 1. Klasse-Wagen verfügt über einen Großraum mit 35 Sitzplätzen und zwei Vierer-Sitzgruppen

Abkommandiert zu Testfahrten in Wegberg-Wildenrath: Drei Diesel-ICE im Juli 2000 (Foto: Gerhard Klein)

um je einen Tisch, welche durch halbhohe Abteilwände abgetrennt sind. Zwischen dem Einstiegsbereich und dem Führerraum bietet eine weitere Lounge sechs Fahrgästen der 1. Klasse den Blick durch den Führerraum auf die Strecke. Die Fahrgasträume werden durch eine Klimaanlage be- und entlüftet sowie beheizt. Die Beheizung erfolgt im Wesentlichen durch die Abwärme der Dieselmotoren, für den Bedarfsfall ist eine zusätzliche elektrische Beheizung des Wasserkreislaufes möglich.

Einsatz

Zu Jahresbeginn 2001 waren alle 20 Triebzüge fertiggestellt, hiervon sechs auch bereits durch die DB abgenommen. Allerdings fehlte noch die Abnahme durch das Eisenbahn-Bundesamt, so dass der ursprünglich schon einmal für den Sommerfahrplan 2000 geplante Einsatzbeginn auf der Strecke Nürnberg – Hof – Dresden voraussichtlich ab April 2001 in den Plänen der bisherigen InterRegios stattfinden wird. Mit dem Beginn des Sommerfahrplanes 2001 sollen die beim Betriebshof Hof beheimateten Züge am 9. Juni 2001 den eigentlichen Planbetrieb aufnehmen. Ein weiteres Einsatzgebiet sollte die Ablösung der heutigen lokbespannten EC-Garnituren auf der Allgäubahn von München über Lindau nach Zürich werden. Wegen des hohen Fahrgastaufkommens in der Schweiz wird allerdings derzeit über ein Brechen der traditionellen Verbindung in Lindau nachgedacht, so dass ein Einsatz der Züge nur auf dem deutschen Teil der Relation erfolgen würde.

Technische Daten:

Baureihenbezeichnung		605.0 + 605.1 + 605.2 + 605.5	Breite Mittelwagen	mm	2.850
			Höhe Endwagen	mm	3.840
Indienststellung (1. Jahr)		1999	Höhe Mittelwagen	mm	3.840
Hersteller		Bombardier, Siemens	Dienstmasse (Vierwagen-Zug)	t	217
Radsatzanordnung:		2'Bo' + Bo'2' + 2'Bo' + Bo'2'	Kraftübertragung:		elektrisch
			Dieselmotor Hersteller		Cummins
Länge Endwagen			Drehzahl	U/min	2100
(über Kupplung)	mm	27.500	Leistung:	kW	4 x 560
Länge Mittelwagen			Höchstgeschwindigkeit	km/h	200
(über Kupplung)	mm	25.900	Sitzplätze pro Zug 1. Klasse		41
Breite Endwagen	mm	2.850	Sitzplätze pro Zug 2. Klasse		154

Kapitel 11:
Pläne für die Zukunft

Noch viel mehr als heute werden die Züge in der Zukunft die Landesgrenzen überwinden. Mehrsystemzüge wie der deutsche ICE 3 unter der Flagge der Niederländischen Staatsbahn lassen schon heute die einstigen Verkehrsbarrieren hinter sich (406 054 im November 2000 in Amsterdam, Foto: Malte Werning)

Erhält die vierte ICE-Generation zwei Etagen wie der französische TGV Duplex? (Fotomontage: Siemens)

Neue Einzelkomponenten werden mit den ICE-S erprobt, wie dieses Drehgestell für den ICE 3 (Foto: Sven Klein)

Parallel zu den Infrastrukturplanungen laufen auch erste Überlegungen zu der Nachfolge-Generation des ICE 3, die allerdings sehr stark abhängig sind von der Nachfrageentwicklung bei der DB Reise & Touristik AG. Die Fachleute erwarten, dass es im künftigen ICE-Netz Streckenabschnitte mit extrem hoher Nachfrage gibt, die mit den bisherigen Zugkonzepten nur unzureichend befriedigt werden kann. Beispielsweise könnte dies zwischen den Ballungsgebieten Rhein/Ruhr und Rhein/Main der Fall sein. Denkbar ist, dass das Passagieraufkommen in dieser Relation so stark steigt, dass die Streckenkapazität knapp wird. Diskutiert werden deshalb für einen ICE 4 Konzepte mit mehr Sitzplätzen. Eine Variante wäre das Vorbild des französischen TGV Duplex mit Doppelstock-Mittelwagen. Ein solcher Zug fuhr bereits im Frühjahr 1998 auf der Neubaustrecke Hannover – Göttingen: der „Eurotrain" – gebildet aus ICE-2-Triebköpfen und TGV-Doppelstockwagen. Mit diesem Zug wollten Siemens und der TGV-Hersteller Alstom das Projekt einer Schnellbahn in Taiwan für sich entscheiden; die Fahrt 1988 diente der Präsentation vor den Politikern aus Fernost.

Mit dem Eurotrain aus ICE-2-Triebköpfen und TGV-Doppelstockwagen wollten Siemens und Alstom Taiwans Gleise erobern (Foto: Siemens AG

Für den deutschen Markt werden aber auch ganz andere Überlegungen angestellt. So ist denkbar, eine künftige ICE-4-Generation mit etwas größerer Fahrzeugbreite auszustatten, um dann bei Großraumbestuhlung in jeder Reihe einen zusätzlichen Sitz installieren zu können. Während ICE 1 und ICE 2 auf Fahrzeugbreiten von 3,02 m und der ICE 3 auf 2,93 m kommen, ist eine Ausweitung auf 3,30 m im Gespräch.

Damit würde der ICE 4 allerdings das UIC-Profil verlassen und wäre nicht mehr universell einsetzbar. Während die Extrabreite auf Neubaustrecken keine Probleme machen würde, muss sorgfältig untersucht werden, inwieweit das Altnetz für einen solchen ICE-Einsatz tauglich gemacht werden müsste. Dies lässt die DB derzeit in einer Studie für die Strecken Berlin – Lehrte – Frankfurt und Berlin – Köln – Frankfurt – Stuttgart ermitteln. Die Extrabreit-Idee wird vor allem mit Blick auf die Kosten favorisiert. Während Doppelstockwaggons für die ICE-Familie völlig neu konzipiert werde müssten, könnte bei einem ICE 4 der Breitversion das Konstruktionsprinzip des ICE 3 übernommen werden. Bahnintern gibt es aber auch andere Vorstellungen: etwa die

Mit dem ICE-S 410 202 wurde am 16. Juni 1997 das Prüfcenter in Wegberg-Wildenrath offiziell eröffnet (Foto: Malte Werning)

mit dem ICE-T bereits bestehenden Möglichkeiten, über das Halbzug-Konzept hinaus durch die Dreifach-Kupplung von sehr kurzen Zugeinheiten flexibel Nachfragespitzen aufzufangen.

Die weitere technische Entwicklung wird von Forderungen nach schneller, komfortabler und zugleich umweltbewusster, energiesparender Bahnfahrt geprägt. Da geht es zunächst um neue Antriebskonzepte. Bahn und Wissenschaft denken nach über getriebelose Hochleistungsmotoren für einen Direktantrieb der Räder. Zwei Modelle, ein an der TU Braunschweig entworfener Transversalflussmotor und ein in der Industrie konzipierter multipler Elektronik-Dauermagnetmotor stehen in der engeren Wahl. Die beiden völlig unterschiedlichen Bauarten sind kompakt und könnten unmittelbar am Rad auf die Achse montiert werden.

Dieser Direktantrieb macht herkömmliche Komponenten wie Getriebe weitgehend überflüssig. In Verbund mit moderner Leistungselektronik versprechen diese innovativen Motoren einen besseren Wirkungsgrad und eine höhere Leistungsdichte als die Drehstrommotoren. Zudem sorgt die kompakte Bauweise für konstruktive Freiräume: vom Einzelradantrieb bis hin zur Verteilung der Antriebsleistung in kleinen Einheiten auf einen ganzen Zug.

Bisher existieren beide Motoren aber erst auf dem Papier. Vorgesehen ist, erste Modelle zu bauen und nach Labortests auch in einem ICE weiter zu testen. Sofern diese Untersuchungen erfolgreich sind, ist ein kommerzieller Einsatz möglicherweise in wenigen Jahren vorstellbar. Die beiden Modelle, die zur Zeit entstehen, sollen für eine fahrplanmäßige Höchstgeschwindigkeit von 330 km/h ausgelegt sein; von ihren Abmessungen wird verlangt, dass sie problemlos in den ICE 3 eingebaut werden können.

Zulassungsfahrt auf der NBS Hannover – Berlin mit dem ICE-S am 11. August 1998 bei Staffelde (Foto: Jürgen Hörstel)

Erhebliche Gewichtseinsparungen bis zu 60 Prozent sollen durch moderne Halbleitertechnik als Ersatz für schwere Transformatoren erreicht werden. Das Konzept „Massearme Energieversorgung auf Triebfahrzeugen" des FTZ München sieht vor, jeden ICE-Triebkopf um rund sechs Tonnen Masse zu erleichtern. Erreicht werden soll dies durch moderne Hochspannungshalbleiter, mit denen die bisher von tonnenschweren Trafos vorgenommene Frequenzumwandlung von 16,7 Hz aus der Fahrleitung auf rund 400 Hz herbeigeführt werden kann. Ein von der TU Braunschweig entwickelter Prototyp soll auf dem Elektrischen Prüffeld der DB in Dessau auf seine Betriebsfähigkeit untersucht werden.

Mit den neuen Technologien ließe sich das bereits beim ICE 3 realisierte Konzept der auf den Zug verteilten Antriebsachsen erheblich vervollkommnen – nicht nur, um Züge schnell zu machen, sondern vor allem auch, um sie nach einem Halt schneller zu beschleunigen. Das würde zu einer deutlich effizienteren Nutzung der Fahrweg-Kapazität führen und zusätzliche Reisezeitgewinne bringen.

Schneller fahrende bzw. schneller beschleunigende Züge müssen ein Höchstmaß an Reisekomfort bieten. Das FTZ Minden untersucht gemeinsam mit der Industrie „aktive Fahrwerke", die unerwünschte Schwingungen und Stöße dämpfen. Prinzipiell entsprechen diese Ansätze der aktiven Neigetechnik. Bei der Forschung und Entwicklung hilft Technologietransfer aus der Automobilindustrie – von Mercedes-Benz und Porsche. Beispielsweise geht es dabei um das für die S-Klasse entwickelte System „Active Body Control", das bereits ein aktives Fahrwerk für die großen Limousinen mit dem Stern ist. Im ICE soll eine rechnergesteuerte Sekundärfederung zwischen Drehgestellen und Wagenkasten Schwingungen auffangen und Gleislagestörungen wie Weichen oder Bogenfahrten ausgleichen. Ein ausgedienter IC-Reisezugwagen soll als Versuchsträger dienen.

Zu den weiteren zentralen Anliegen der Fahrzeugentwicklung gehört unter verschiedenen Aspekten der Leichtbau. Dabei befassen sich die Experten mit neuen Werkstoffen, insbesondere mit kohlefaserverstärkten Kunststoffen (CFK). Es konnte nachgewiesen werden, dass CFK-Bauweisen den Kasten für einen ICE-Mittelwagen, der heute etwa 8,5 Tonnen wiegt, um rund 15 Prozent leichter machen würden. Weitere Potentiale liegen etwa in einer den Wagenkasten mittragenden Unterflurschürze oder auch in Fenstern, die in der Konstruktion des Wagenkastens tragende Funktionen übernehmen.

ICE 21

Um die genannten und weitere technische und technologische Grundlagen für zukünftige Zuggenerationen zu entwickeln, stellten die DB AG, Siemens, Adtranz und die Waggonbau AG ein Forschungsprogramm mit der Bezeichnung ICE 21 auf. Die Forschungen zielen zwar auf den Hochgeschwindigkeitsverkehr, doch sollen die Ergebnisse für den gesamten schienengebundenen Verkehr von Nutzen sein.
Sechs Ziele sind in dem Programm ICE 21 formuliert:

- Kosten für Betrieb und Reise senken
- Reisezeiten reduzieren
- Komfort erhöhen
- Energieverbrauch senken
- Emissionen verringern
- Systemzugang verbessern.

ICE

Kapitel 12:
Die ICE-Werke

Blick auf das ICE-Werk Rummelsburg in Berlin am 30. April 2000 (Foto: Bodo Schulz)

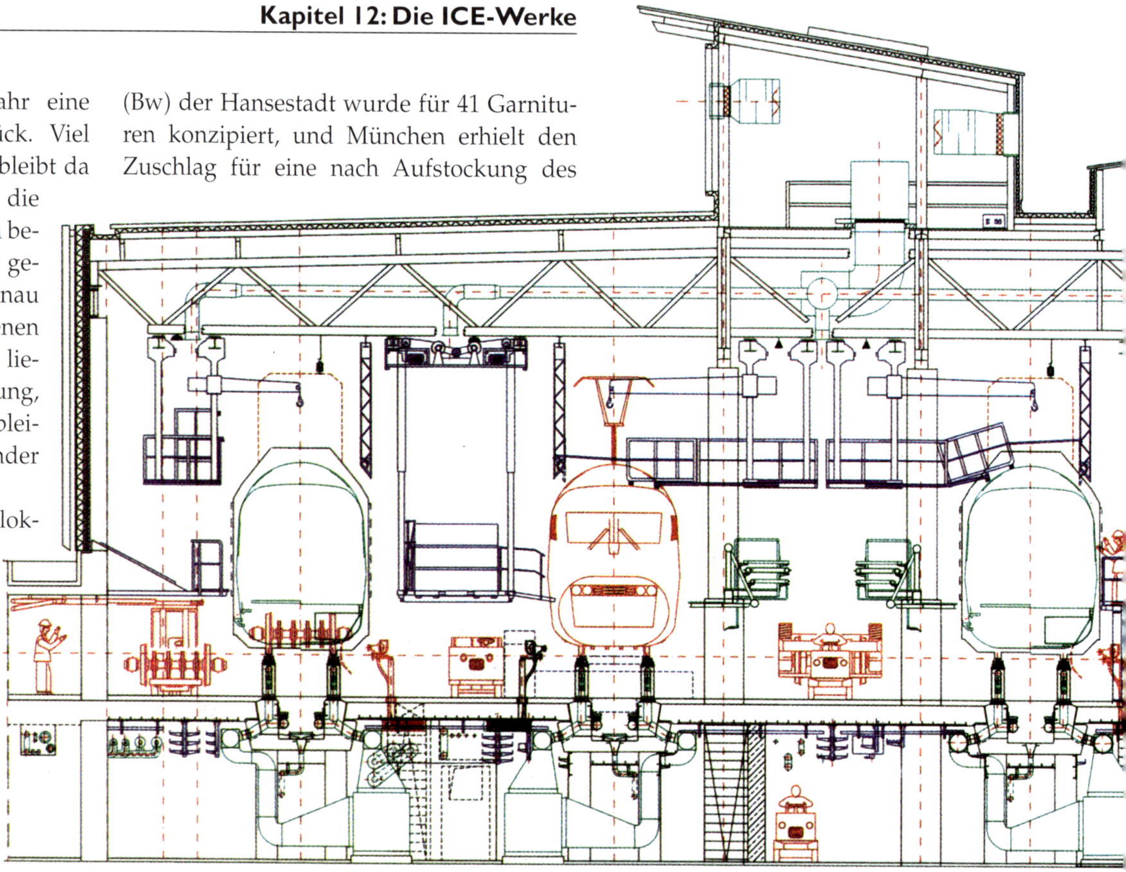

Jede ICE-Garnitur legt pro Jahr eine halbe Million Kilometer zurück. Viel Zeit für Pflege und Inspektion bleibt da nicht, trotzdem werden gerade die Paradesprinter der Deutschen Bahn besonders intensiv kontrolliert und gewartet. Dies geschieht in passgenau auf die Triebzüge zugeschnittenen ICE-Betriebswerken. Andernfalls ließen sich extrem hohe Laufleistung, permanente Sicherheit und gleichbleibend hoher Komfort nicht miteinander verein-baren.

Die Abkehr vom Konzept des lokbespannten Fernreisezuges bedingte auch die Zusammenlegung der traditionell getrennten Werkstätten für Lokomotiven und Wagen, ergo die Integration von Betriebswerk und Betriebswagenwerk, wie es früher hieß, unter einem Dach – zu einem gemeinsamen Wartungszentrum. Dafür kamen zunächst alternativ die Standorte Hamburg und München in Betracht, Endpunkte beider ICE-Linien der Startphase. Nach 1986 eingeleiteten Vorprüfungen entschied die Deutsche Bundesbahn, das erste Heimat-Bw für ICE-Züge in Hamburg zu errichten. Den Ausschlag gaben unter anderem, dass dort das Areal des nicht mehr benötigten Rangierbahnhofs Eidelstedt sofort bebaut werden konnte und sich eine norddeutsche Wartungszentrale besser mit dem schon früh erarbeiteten Fahrplan- und Umlaufschema „ICE 91“ vertrug.

Der Standort München hätte unter damaligen Prämissen zwei zusätzliche Triebzüge, immerhin gleichbedeutend einer Mehr-Investition von 100 Millionen DM, erfordert. Ganz leer ausgehen sollte die bayerische Metropole aber nicht. Das Betriebswerk (Bw) der Hansestadt wurde für 41 Garnituren konzipiert, und München erhielt den Zuschlag für eine nach Aufstockung des Fahrzeugparks vorgesehene zweite Werkstatt.

Nur knapp zwei Jahre nach der Grundsteinlegung nahm die Bundesbahn das ICE-Bw Hamburg am 22. September 1990 teilweise, am 26. April 1991 dann komplett in Betrieb. Rein verwaltungsmäßig unterstellte sie es dem unmittelbar benachbarten, damals noch als „Hamburg 1“ bezeichneten Bw im Stadtteil Eidelstedt. Nur ein schmaler Geländestreifen trennt die Rückwand des alten Eidelstedter Ringlokschuppens von der neuen Triebzughalle.

Die Hamburger Anlage

Um eine optimale Verfügbarkeit der ICE-Züge zu gewährleisten, entstand im Zusammenspiel von Architekten und Technikern ein neuartiger Bw-Typus. Während nur 60 Minuten Standzeit werden die eben deshalb „Stundenwender“ genannten Garnituren gewartet, im Inneren gereinigt, mit neuen Vorräten bestückt und bedarfsweise auch instandgesetzt. Dazu stehen in der 430 m langen und 65 m breiten Halle acht aufgeständerte Gleise mit insgesamt drei Arbeitsebenen zur Verfügung. Wenn nötig, sind – vor allem nachts – hier auch langwierigere Ausbesserungen vorgesehen. Das Dach gliedert sich in einen niedrigen mittleren Teil mit querlaufenden, dreieckförmigen und einseitig verglasten Raumbindern sowie zwei höhere Endteile zur Aufnahme von Laufkränen über den Triebkopfbereichen. Die gesamte Hallenaußenhaut ist wärmegedämmt.

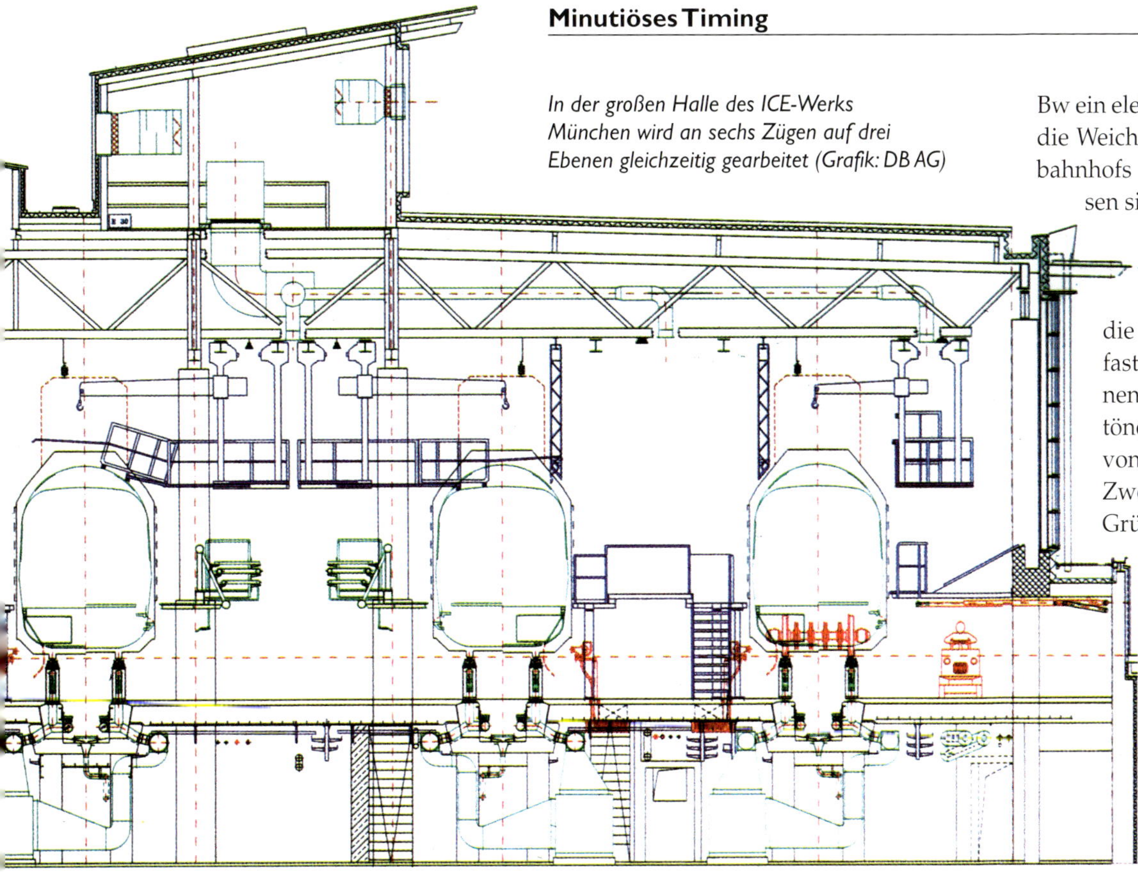

In der großen Halle des ICE-Werks München wird an sechs Zügen auf drei Ebenen gleichzeitig gearbeitet (Grafik: DB AG)

Direkt an die Südwestseite grenzt eine kurze Halle mit Unterflurdrehmaschine an, an die Nordostseite grenzen der langgestreckte Verwaltungs- und Versorgungstrakt mit Materiallager, Heizwerk, Energiezentrale, Rechnerzentrale, diversen Einzelwerkstätten sowie Wasch- und Umkleideräumen, außerdem eine besondere Triebdrehgestellwerkstatt. Nördlich der Triebzughalle befinden sich das Radsatzlager und die in einem 212 m langen Bauwerk untergebrachte Außenreinigungsanlage. Ferner gehört zum Bw ein elektronisches Stellwerk, an das auch die Weichen- und Signalanlagen des Güterbahnhofs Hamburg-Eidelstedt angeschlossen sind.

Größten Wert legten die Architekten auf eine ansprechende Gestaltung. So unterscheidet sich die Triebzughalle mit ihren seitlich fast bis zu ebener Erde herabgezogenen Dachbindern und in fünf Pastelltönen gehaltener Farbgebung deutlich von monoton wirkenden, reinen Zweckhallen. Die aus funktionalen Gründen fensterlose Waschhalle ist mit silbrig glänzenden Aluminium-Paneelen verkleidet. Und schließlich haben sogar Gartenarchitekten mitgewirkt: Auf den nicht überbauten Flächen des insgesamt 220 000 m² großen Areals gibt es außer Schienen, Schotter, Wegen und Parkplätzen wenigstens 10 000 m² Grünflächen, die rings um das Regenwasserrückhaltebecken auch mit Bäumen bepflanzt sind.

Fristen- und Revisionsplan

Laufleistung	Bezeichnung	im ICE-Bh auszuführende Arbeiten
2 000 km	L = Laufwerkskontrolle	Laufwerkskontrolle, Ver- und Entsorgung, Innenreinigung, Beseitigung kleinerer Schäden
12 000 km	N = Nachschau	alle Arbeiten wie L, dazu Bremsüberprüfung
60 000 km	F1 = kleine Frist	alle Arbeiten wie N, dazu Radsatzüberprüfung, Wartung von Klimaanlage und Küche, Überholung der Türen und Fahrgastinformationssysteme
240 000 km	F2 = große Frist	alle Arbeiten wie F1, dazu Ultraschalluntersuchung der Triebkopfradsätze, Arbeiten an allen Sicherheitseinrichtungen

Darüberhinaus ist alle 1 202 000 km eine Revision im DB-Werk Nürnberg fällig. Dort wird jede Garnitur vollständig überprüft und überholt.

Minutiöses Timing

Die schon im Bahnhof Hamburg-Altona von Werkbediensteten übernommenen ICE-Garnituren erreichen auf der Hauptbahn Richtung Kiel oder parallelen Güterzuggleisen die Einfahrgruppe des Bw. Von hier aus gelangen die „Stundenwender" direkt in die Triebzughalle, die zur Außenreinigung bestimmten Züge rollen auf einem Umfahrungsgleis zuerst in die Waschanlage.

Für Wartungsarbeiten werden die Züge auf den Hallengleisen so exakt positioniert, dass jeder Radsatz auf einer seitwärts ausfahrbaren Gleisbrücke zum Halten kommt. Jedes Gleis hat 56 dieser modernen Achssen-

Das erste ICE-Werk entstand in Hamburg-Eidelstedt (Foto: Jürgen Hörstel)

ken für Mittelwagen, dazu vier eigens für die Triebdrehgestelle dimensionierte Gleisbrücken. Bei Bedarf lassen sich Laufradsätze minutenschnell auswechseln, Triebdrehgestelle dagegen nur bei längeren Werkstattaufenthalten. Jede Radsatzwechseleinrichtung verfügt u. a. über ein hydraulisch arbeitendes Haupthubwerk und ein horizontal verfahrbares Luftkissengleitfahrwerk.

Alle Arbeiten an Drehgestellen, Radsätzen, Bremsen und Wagenboden sowie die Entsorgung der Toiletten erfolgen von einer 2,40 m unter Schienenoberkante eingerichteten Arbeitsebene aus. Durch Linienleiter gelenkte und höhenverstellbare Hubwagen erleichtern die Arbeiten erheblich. Flurfördergeräte dienen dem Transport von Material, Werkzeugen und Betriebsstoffen unter den Zügen hindurch.

Von den Bühnen der mittleren Arbeitsebene aus (1,20 m über Schienenoberkante in Wagenfußbodenhöhe) werden die Züge ver- und entsorgt, die Türen gewartet sowie Fenster und Innenräume gereinigt. 3,80 m über Schienenoberkante befinden sich die mobilen Arbeitsstände und fest montierten Bühnen der oberen Ebene, von hier aus werden alle Reparturen im Fahrzeugdachbereich, z. B. an den Stromabnehmern, getätigt.

Hervorzuheben ist das zeitgleiche Arbeiten auf allen drei Ebenen. Alle beteiligten Teams, von der Mannschaft für die Laufwerkskontrolle bis hin zur Reinigungskolonne, melden Beginn und Ende ihrer Tätigkeit per Magnetkarte dem Betriebsführungsrechner. Diese EDV-Anlage speichert auch bereits während der Fahrt vom ICE-Borddiagnosesystem übermittelte Daten. Fehler und Schäden sind also großenteils schon vor der Ankunft im Bw diagnostiziert und können hier in der Regel binnen 60 Minuten beseitigt werden.

Erst wenn der Betriebsführungsrechner mit den Daten über den Abschluss aller Arbeiten „gefüttert" ist, stellt er das Signal zum Verlassen der Halle Richtung nördliches Auszieh- bzw. Wendegleis. Dabei rollen die Züge generell über eine Radsatzdiagnoseanlage, gründlich getestet werden sie hier während nächtlicher Laufplanpausen. Für Bedarfsausbesserungen stehen dann mehrere Stunden zur Verfügung, notfalls sind die ICE selbstverständlich auch bei Tage aus dem Laufplan herauszunehmen.

Weitere ICE-Wartungszentren

Das ICE-Werk Hamburg-Eidelstredt beschäftigt etwa 800 Mitarbeiter und beheimatet nach wie vor alle ICE-Züge der ersten

Generation. Zum Teil werden diese Garnituren aber auch im werkstattmäßig ähnlich ausgerüsteten ICE-Werk München Süd gewartet. Das am 15. Mai 1993 nach Abschluss der ersten Ausbaustufe eröffnete und am 15. Dezember 1995 komplett fertiggestellte Münchner Werk verfügt über sechs 455 m lange Hallengleise. Die Fassade der 14 m hohen Halle ist zur Einfahrtschneise des Hauptbahnhofs hin voll verglast, macht den Werkbetrieb also nach außen transparent. Fest zugeteilt wurden dem ICE-Werk München Süd ab 1996 die 44 ICE-2-Kurzzüge (Reihe 402) und ab 1999 die letztendlich insgesamt 32 siebenteiligen ICE-T-Garnituren.

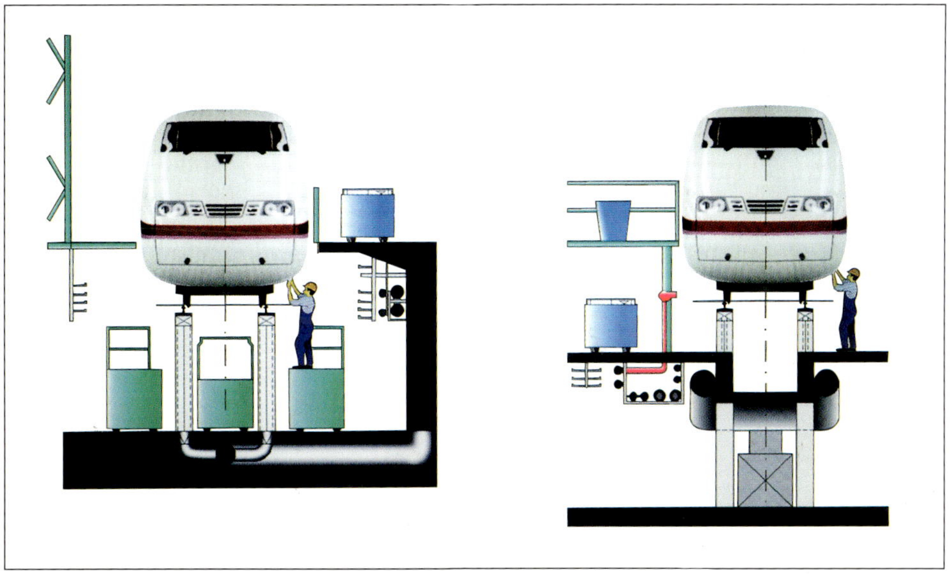

Anordnung der Arbeitsebenen in den ICE-Werken Hamburg und München ; (Grafik: Büro Schmuck)

Blick von unten auf die Wartungsgleise im Werk Hamburg-Eidelstedt (Foto: Olga Bandelowa)

Im Jahr 2000 folgten die ersten von bisher 37 ICE-3-Einsystemzügen (Baureihe 403), vorübergehend auch ICE-3-Mehrsystemzüge (Baureihe 406).

Rechtzeitig zur Eröffnung der Neubaustrecke Berlin – Oebisfelde (– Hannover) ging im September 1998 auch in Berlin ein ICE-Werk in Betrieb. Die zunächst zweigleisige, 230 Meter lange Halle entstand auf dem südlichen Areal des ehemaligen Rangierbahnhofs Berlin-Rummelsburg, in

Inzwischen ist das ICE-Werk München nicht mehr für die ICE 2 zuständig (Foto: Brian Rampp)

Innerhalb einer Stunde werden die ICE-Züge an den Wendestationen für ihre Rückfahrt vorbereitet (Foto: Brian Rampp)

Im Münchner Werk hat ein Zug die Waschanlage verlassen und durchläuft nun die Laufflächen-Diagnose (Foto: Ulrich Ruopp)

Nachbarschaft zum gleichnamigen heute noch genutzten Abstellbahnhof für Reisezüge. Bis zum Sommer 2001 kommt eine zweite, 250 Meter lange Triebzughalle mit drei Gleisen hinzu. Nach deren Fertigstellung können in Berlin-Rummelsburg täglich 60 Triebzüge behandelt werden. Bereits seit Juni 2000 sind im Berliner Werk (laut Fahrzeugstatistik als Berlin Ostbahnhof bezeichnet) alle 44 bisher in München stationierten ICE-2-Garnituren heimisch.

Eine weitere ICE-Instandhaltungshalle nahm die DB AG im Sommer 2000 in Frankfurt-Griesheim in Betrieb, allerdings handelt es sich dabei um den Umbau einer bereits vorhandenen Triebwagenhalle. Besondere Bedeutung kommt dem Frankfurter Werk im Zusammenhang mit der für das Jahr 2002 geplanten Eröffnung der Neubaustrecke Köln – Rhein/Main zu. Die ersten der anfangs in München beheimateten ICE-3-Mehrsystem-Züge (Reihe 406, geplant 13 Einheiten) und die ersten von insgesamt elf fünfteiligen ICE-T-Garnituren (Reihe 415) sind schon seit September 2000 in Frankfurt (Main) stationiert.

ICE-Werk Nürnberg

Das oberste Gebot der ICE-Philosophie ist eine hohe Verfügbarkeit der Triebzüge. Um mit einer möglichst geringen Anzahl von Triebzügen auszukommen, muss auch die Unterhaltung der Fahrzeuge im „neuen", eigens für die Hochgeschwindigkeitszüge umgebauten AW Nürnberg in möglichst kurzer Zeit erfolgen.

Mit einem ausgetüftelten Verfahren kann ein ICE-Triebzug innerhalb von nur 13 Ta-

Mit der Eröffnung der Neubaustrecke Hannover – Berlin geht auch das ICE-Werk Berlin-Rummelsburg in Betrieb (Foto: Konrad Koschinski)

Das Ausbesserungswerk Nürnberg wurde zur Unterhaltung der ICE hergerichtet (Foto: Dominik Stroner)

gen vollständig hauptuntersucht werden. Aufgrund der hohen Laufleistung der Triebzüge ist dies allerdings alle zwei bis drei Jahre nach 1,2 Millionen km Laufleistung erforderlich. Hierzu wurde das AW Nürnberg 1990 so umgebaut, dass gleichzeitig an zwei kompletten Garnituren gearbeitet werden kann. Im Gegensatz zu bislang üblichen Verfahren werden Triebköpfe und Mittelwagen im gleichen Werk geprüft. Ausgelegt ist das Werk für die Behandlung von 60 Triebzügen – pro Jahr können demnach bis zu 25 Revisionen durchgeführt werden. Das AW Nürnberg hat damit eine zukunftsträchtige Aufgabe erhalten, die dem Werk im Gegensatz zu anderen AW eine gesicherte Zukunft beschert.

Beheimatung der ICE-Züge

Hamburg-Eidelstedt	ICE 1 (Baureihe 401)
Berlin Ostbahnhof	
(Rummelsburg)	ICE 2 (Baureihe 402)
München Süd	Einsystem-ICE 3 (Baureihe 403)
	siebenteilige ICE-T (Baureihe 411)
Frankfurt/Main 1	
(Griesheim)	Mehrsystem-ICE 3 (Baureihe 406)
	fünfteilige ICE-T (Baureihe 415)

Ein weiteres ICE-Werk ist in Dortmund geplant.

Kapitel 13:

Wettkampf der Superzüge

Der Schweizer Intercity-Neigezug steht 2001 vor dem Regeleinsatz. Im Winter 2000 absolviert er noch Probefahrten im Tessin (Foto: Christian Zellweger)

ICN

Ein seltenes Bild: Eurostar, AVE, ICE, TGV Duplex, ETR und X 2000 in einem Bahnhof (Foto: Frank Heilmann)

Der europäische Hochgeschwindigkeitsverkehr entwickelt sich langsam, aber stetig. Auf dem Weg hin zu einem zusammenhängenden europäischen Hochgeschwindigkeits-Netz sind indes erst einige kleine Schritte zurückgelegt.

Knappe Finanzmittel und ein verhaltenes Wirtschaftswachstum wirken allerorten wie Bremsklötze für viele Vorhaben: Die Deutsche Bahn AG steht nicht alleine mit der oft ungelösten Frage, woher die Gelder für die ehrgeizigen Bauprojekte kommen sollen. Die meist sündhaft teuren Hochgeschwindigkeitstrassen werden heute mehr denn je kontrovers bezüglich Kosten und Nutzen diskutiert, zahlreiche Verzögerungen sind die Folge. Bestes Beispiel ist die Debatte in Frankreich – dem einstigen Mutterland der

TGV-Parade in Paris: je zweimal TGV 2 Niveaux (blau) und TGV Paris-Sud-Est (orange) (Foto: Matthias Maier)

Neubaustrecken! – um die TGV-Schnellverbindung Paris – Straßburg.

Lange Zeit stand hier eine kostengünstige Lösung mit Neigetechnik auf konventionellen Strecken gegen den Neubau der TGV-EST-Strecke. Erst nach mehrjähriger Diskussion, auch auf europäischer Ebene (soll doch diese Schnellverbindung via Stuttgart weiter nach München führen), sprach sich Ende 1996 die französische Regierung schließlich für den Bau dieser Linie aus; allerdings wird das Projekt zeitlich gestreckt, die TGV-Neubaustrecke entsteht peu à peu. Zur Zeit geht man davon aus, dass im Jahr 2004 der erste 270-km-Abschnitt Vaires (bei Paris) – Vandières (bei Metz) in Betrieb geht.

Frankreich: Ausbau im Schneckentempo

Die geradezu rasende Verwirklichung von TGV-Strecken, wie Anfang der achtziger Jahre erfolgt, gehört wohl endgültig der Geschichte an. Einen Dämpfer erhielten die Schnellbahnbauer auch durch das schlechte Wirtschaftsergebnis der Französischen Staatsbahn, die 1996 im Fernverkehr nur einen halben Prozentpunkt Wachstum verbuchen konnte und hochverschuldet ist. Seit

Neigetechnik auch in Schweden: Ein X 2000 beim Zwischenstopp in Säffle (Foto: Claus-Jürgen Jacobson)

Mit dem Bau der Serienzüge für die TGV-Linie Paris – Lyon bei Alsthom in Belfort begann das europäische Hochgeschwindigkeitszeitalter (Foto: Pettinger)

Als Thalys kommen französische TGV-Züge seit Ende 1997 auch bis Köln (Foto: Wolfgang Klee)

einiger Zeit machte sich zudem die Liberalisierung des Flugverkehrs für den TGV verheerend mit einem gewaltigen Preisverfall bemerkbar, gerade auf längeren Verbindungen wie zum Beispiel von Paris nach Toulouse.

Entschieden ist mittlerweile die Linienführung zur Verlängerung des TGV Atlantique von Tours nach Bordeaux. Zeitlich gestreckt, wie bei Paris – Strasbourg, werden die Bauarbeiten am TGV Meditérranée. Zunächst verkehren die schnellen Züge von Valence bis nördlich von Orange, später dann bis Marseille bzw. Nimes. Die Bauarbeiten laufen bereits auf vielen Abschnitten, besonders an den aufwendigen Kunstbauten, um den Zeitplan halten zu können. Wann der letzte Abschnitt Nimes – Montpellier fertig wird, steht noch in den Sternen. Betrieblich brachte die vollständige Eröffnung der Umgehungsstrecke Paris bedeutende Veränderungen. Damit können die TGV am „Flaschenhals Paris" vorbei die Teilnetze Nord, Sud-Est und Atlantique untereinander verknüpfen, ohne in einem der Pariser Kopfbahnhöfe die Fahrtrichtung wechseln zu müssen.

Schließlich erhielt die erste Generation von Strecken und Zügen eine umfassende Modernisierung an der ersten Generation von Strecken und Zügen: Der 1981 eröffnete Süd-Abschnitt Paris – Lyon wurde ab 1996 runderneuert, ebenso 108 Triebwagen, die eine attraktivere Inneneinrichtung bekamen. Seit Ende 1996 sind auch die TGV Duplex – die Doppeldecker-TGV – im Einsatz. Bei gleicher Zuglänge bieten sie fast um die Hälfte mehr Sitzplätze als ein herkömmlicher TGV. Auf den besonders belasteten Strecken läßt sich so die Kapazität einfach und wirkungsvoll steigern.

Der italienische Pendolino ETR 500 erhielt sein Aussehen von Italiens Stardesigner Pininfarina – der ICE 1 wirkt daneben ein wenig „plump" (Foto: Christoph Müller)

Schweiz und Italien: Pendolini im Kommen

Die Start des „Cisalpino" 1996 zwischen der Schweiz und Italien verzögerte sich wegen diverser Kinderkrankheiten an der Strecke und den Fahrzeugen zwar mehrfach, doch will gut Ding bekanntlich Weile haben. Mittlerweile fahren die italienischen Neigetechnikzüge ETR 470 störungsfrei auf der Lötschberg-Simplon-Strecke (Basel – Bern – Brig – Mailand), der Simplon-Strecke (Genf – Brig – Mailand) und der Gotthardachse (Zürich – Chiasso – Mailand).

Die Fahrzeiten verkürzten sich nach Abschluss der Streckenadaptierungsarbeiten um bis zu 20 Prozent dank der Neigetechnik, so zum Beispiel um 50 Minuten für Genf – Mailand. Mit Verspätung nahm der Cisalpino am 1. März 1998 seinen Betrieb von Zürich nach Stuttgart auf. Mitte des Jahres 2001 soll der Intercity-Neigezug ICN dazu beitragen den Schweizer Fernverkehr zu beschleunigen.

Benelux: Neubaustrecken sind beschlossene Sache

Verzögerungen gibt es auch anderswo: Eigentlich wollten die Niederländischen Staatsbahnen (NS) schon 1999 die Mehrsystemversion des deutschen ICE 3 auf den Relationen Amsterdam – Köln – Frankfurt (Main) und Amsterdam – Köln – Berlin einsetzen. Die dafür von den NS beschafften sechs ICE-3-Garnituren nahmen aber erst im Dezember 2000 den Betrieb auf.

Eine wichtige Entscheidung für den Aufbau des Hochgeschwindigkeitsnetzes Paris – Brüssel – Köln/Amsterdam (PBKA) fiel Ende 1996. Die Niederlande und Belgien einigten sich auf eine Trasse für den Schnellverkehr zwischen Amsterdam und Antwerpen. Die Neubaustrecken in den Niederlanden sollen jedoch nicht nur dem internationalen Verkehr dienen: Zwischen Amsterdam, Schiphol, Rotterdam und Breda werden regionale Hochgeschwindigkeitszüge bis zu viermal pro Stunde (!) verkehren. Inzwischen gesichert ist die Finan-

zierung der neuen Hochgeschwindigkeitsstrecke von Brüssel über Liège (Lüttich) bis zur deutschen Grenze bei Aachen.

Bis 2002 sollen die Züge von Brüssel nach Liège verkehren, der Restabschnitt bis zur Grenze soll fünf Jahre später dem Verkehr übergeben werden. Der seit 1995 zwischen Amsterdam, Brüssel und Paris verkehrende Thalys kommt beim Publikum gut an; die Reisendenzahl lag Anfang 1996 um gut 20 Prozent über dem Vorjahresniveau.

Auch bei den deutschen Fahrgästen erfreut sich der bourdeauxrote Triebwagen seit seiner ersten Fahrt zwischen Köln, Brüssel und Paris am 14. Dezember 1997 großer Beliebtheit. Innerhalb eines Jahres zählte die Deutsche Bahn AG rund 800 000 Fahrgäste, das waren rund acht Prozent mehr als pro-

Der Thalys ist für Rechts- und Linksverkehr eingerichtet (Foto: Dietmar Beckmann)

gnostiziert. Die durchschnittliche Auslastung des Thalys auf dem Abschnitt Köln – Brüssel lag bei rund 50 Prozent.

Einen großen Fortschritt stellte die Eröffnung der Neubaustrecke Antoing – Halle (bei Brüssel) dar: Die Reisezeit auf der Relation Paris – Brüssel verkürzte sich von einer Stunde 58 Minuten auf eine Stunde 25 Minuten.

Zwischen Kontinent und Insel: Eurostar zieht an

Auf eine etwas längere Erfolgsgeschichte als der Thalys kann der zwischen Brüssel, Paris und London verkehrende Eurostar zurückblicken. Nur 160 Minuten benötigt er für die Fahrt von Brüssel nach London. Allein im August 1996 nutzten ihn eine Million Reisende. Am Verkehr Paris – London hat der Eurostar einen (Markt-)Anteil von satten sechzig Prozent.

Wegen technischer Komplikationen musste der Einsatz des Eurostar nördlich von London mehrmals verschoben werden. Erste Verbindungen sind Paris – Manchester/Birmingham/Edinburgh. Einen Nachfrageschub für den Eurostar wird die Eröffnung der Hochgeschwindigkeitsstrecke von Lon-

In London Waterloo warten zwei Eurostar auf die Rückfahrt durch den Kanaltunnel (Foto: Ulrich Wehmeyer)

Bild links: Der italienische Pendolino – das Vorbild für die deutschen ICE-T (Foto: Hartmut Kuhnke †/Burkhard Wiesel)

Bild rechts: In Spanien verkehrt mit dem AVE eine Variante des TGV (Foto: Jürgen Hörstel)

don zum Kanaltunnel bringen; derzeit trödeln die Hochgeschwindigkeitszüge auf der Insel noch mit 120 km/h in die britische Hauptstadt. Wegen planerischer und finanzieller Schwierigkeiten verzögert sich die Fertigstellung der Neubaustrecke bis zum Jahr 2003. Dann aber sinkt die Reisezeit von London nach Paris auf zweieinhalb Stunden.

Spanien: Spitze in der Auslastung

Der Verkehr auf der neuen Rennstrecke Madrid – Sevilla hat sich sehr positiv entwickelt; mit 65 Prozent erreicht die Auslastung der Züge europäische Spitzenwerte. Dem stehen die Talgo-200-Züge kaum hintan: Sie befahren ab Madrid die normalspurige Neubaustrecke und gehen in Südspanien durch Umspuranlagen in das breitspurige Netz über, wo sie Ziele wie Malaga, Cadiz und Huelva erreichen.

Im Sommer 1997 nahmen die Spanischen Staatsbahnen RENFE ihre ersten Hochgeschwindigkeitszüge für Breitspur in Betrieb. Sie entsprechen weitgehend den TGV-AVE-Triebzügen, sind aber mit Breitspurfahrwerken und einer elektrischen Anlage für 3000 Volt Gleichstrom ausgerüstet. Diese sechs Einheiten, Euromed genannt, lieferte der TGV-Hersteller GEC Alstom für die Achse Barcelona – Valencia, wo die Reise nach Abschluss der Ausbaumaßnahmen statt vier Stunden nur noch zwei Stunden und 45 Minuten lang dauert.

Bei den Neubaustrecken steht die Achse Madrid – Barcelona – Frankreich an erster Stelle. Im Bau befinden sich die Etappen Ricla – Calatayus und Zaragoza – Lerida (177 km), zwischen Madrid und Barcelona soll der Betrieb im Jahre 2001 aufgenommen werden. Die Strecke wird übrigens von Madrid bis Barcelona in Breitspur und von hier nach Frankreich normalspurig verlegt.

Skandinavien: Die Öresund-Querung

Die Hochgeschwindigkeitsverbindungen in Skandinavien konzentrieren sich auf das Städtedreieck Kopenhagen – Oslo – Stockholm. Hierfür ist der Citytunnel in Malmö von Bedeutung, der den Kopfbahnhof in eine Durchgangsstation umwandelt. Dann können die schwedischen Hochgeschwindigkeitstriebwagen X 2000 von Kopenhagen über die Öresund-Brücke ohne Kopfmachen nach Stockholm weiterpreschen. Die Öresund-Querung wurde im Jahr 2000 in Betrieb genommen, was direkte Schnellverbindungen zwischen Dänemark und Schweden ermöglicht. Die Schwedischen Eisenbahnen SJ verfolgen Ideen, ihre erfolgreichen X-2000-Verbindungen weiter auszubauen – im Gespräch ist unter anderem ein Einsatz zwischen Stockholm und Oslo.

Alles begann in Frankreich

Um Erkenntnisse über die Eignung leichter Triebzüge für Geschwindigkeiten von über 200 km/h zu gewinnen, ließ die SNCF 1967 einen Doppeltriebwagen mit 1350-kW-Gasturbine ausrüsten. Testfahrten bis zu 252 km/h zeigten, dass geringe Achslasten auch im Hochgeschwindigkeitsverkehr vertretbar sind.

1972 erschien der als „Turbotrain" ausgeführte TGV 001. Der fünfteilige Zug – zwei Gasturbinen-Triebköpfe mit je 1880 kW – besaß schon die für alle TGV-Bauarten typischen Jacobs-Drehgestelle, allerdings im Gegensatz zu den späteren Serienzügen auch noch zwischen Triebköpfen und Mittelwagen. Am 8. Dezember 1972 erreichte der TGV 001 ein Spitzentempo von 318 km/h und lief bis Juli 1978 im Versuchsbetrieb. Ein zeitweilig montierter Stromabnehmer diente dazu, das Zusammenspiel mit dem Fahrdraht zu testen. Nach der Erhöhung der Rohölpreise entschied die SNCF im April 1975, vom Gasturbinenprinzip abzugehen und die bereits beschlossene TGV-Neubaustrecke Paris – Lyon elektrisch zu betreiben. Die Firmen Alsthom und Francorail MTE lieferten im August und Dezember 1978 zwei elektrisch angetriebene TGV-Prototyp-Garnituren. Aus ihnen wurde der TGV-PSE entwickelt.

Die Charakteristika des französischen Hochgeschwindigkeitsverkehrs (HGV) waren Mitte der siebziger Jahre klar:

- unveränderliche Konfiguration als Gliederzug mit zwei Triebköpfen; durch Zusammenkuppeln von zwei Einheiten aber „Doppelführungen" möglich,
- Leichtbauweise mit Radsatzlasten von 16 bis 17 Tonnen,
- Geringer Luftwiderstand durch die aerodynamische Form des Kopfes und möglichst wenige Drehgestelle (jeweils ein Jacobs-Laufgestell zwischen den Mittelwagen),
- nur ein aktiver Stromabnehmer pro Triebzug bei Schnellfahrten mit 25 kV/50 Hz, Versorgung des jeweils zweiten Triebkopfs über eine durchgehende 25-kV-Dachstromleitung,
- generell Mehrsystem-Züge (mindestens für die bei der SNCF üblichen Systeme 25 kV/50 Hz Wechsel und 1,5 kV Gleichspannung),
- radial von Paris ausgehende Neubautrassen (25 kV/50 Hz) mit weiteren Ausbauabschnitten und Bedienung abzweigender „Alt-Strecken",
- Neubautrassen nur für HGV-Züge; nur wenige Tunnel und Neigungen bis 25 Promille (TGV-Sud Est 35 Promille), Kurvenradien minimal 4000 m (Ausnahme 3200 m); zentrale Betriebsüberwachung, keine ortsfesten Signale, sondern Führerstandsignalisierung.

Die Strecken von Paris nach Lyon und Le Mans bzw. Tours lassen 300 km/h, die nach Lille bzw. Calais 350 km/h zu. Der Fahrplan ist bedarfsorientiert (kein starrer Takt), technisch möglich ist eine Drei-Minuten-Zugfolge.

Mit PSE-Einheiten begann am 27. September 1981 auf der Südost-Strecke Paris – Lyon das TGV-Zeitalter. Für die Atlantik-Route Paris – Le Mans beschaffte die SNCF ab 1988 bei GEC-Alsthom denTGV-A.

Die ersten Garnituren nahmen am 24. September 1989 den Plandienst auf. Am 18. Mai 1990 erzielte der auf zwei Mittelwagen verkürzte Zug TGV-A 325 mit 515,3 km/h den auch heute noch gültigen Weltrekord für Schienenfahrzeuge.

Die Bücher für Ihr Hobby

Als Reiseführer und zum Schmökern:

Dirk Endisch
Harz – mit dem Zug erleben
ISBN 3-932785-73-8

Klaus-J. Vetter
Mallorca – mit dem Zug entdecken
ISBN 3-7654-7180-1

Auf schmaler Spur durch die Natur – mit schnaubenden Dampfrössern oder urigen Elektro-Oldtimern. Die schönsten Eisenbahnen Europas im praktischen Fototaschenformat.

Jeder Band enthält

- **allgemeine Informationen** über die Bahn und die Region,
- viele **praktische Reisetipps & Karten**,
- ausgewählte **Routenbeschreibungen**,
- **Bahn-Erlebnisziele** für Reisen und Ausflüge.

Je 144 Seiten, über 110 z.T. farbige Fotos, Taschenbuch-Format 12 x 18 cm, kartoniert zum Mitnahme-Preis: je DM 19,80

Taschenbücher Schienenverkehr – die Reihe mit Kompaktwissen:

Andreas Braun (Hg.)
DB-Fahrzeuge 1 Triebfahrzeuge
192 Seiten, 50 Farb- und 120 s/w-Abbildungen
Format 12x17 cm, kart.,
ISBN 3-932785-10-X
nur DM 24,80

Andreas Braun (Hg.)
DB-Fahrzeuge 2: Wagen
176 Seiten, 50 Farb- und 100 s/w- Abbildungen
Format 12x17 cm, kart.
ISBN 3-932785-13-4
nur DM 24,80

Andreas Braun (Hg.)
Signale
176 Seiten, ca. 180 Abbildungen, durchgehend farbig,
Format 12x17 cm, kart.
ISBN 3-932785-14-2
nur DM 24,80

Hans Stange
Museumslokomotiven in Deutschland
192 Seiten, ca. 180 Abbildungen, durchgehend farbig, Format 12 x 17 cm,kart.
ISBN 3-7654-7170-4
nur DM 24,80

Malte Werning (Hg.)
Schienenbusse VT 95-VT 98
160 Seiten, 150 Abb. (z.T. in Farbe),
Format 17 x 24 cm, gebunden.,
ISBN 3-7654-7102-X
nur DM 39,80

Fundierte Bücher zur Eisenbahn: Berühmte Lokomotiven und alte Technik

Michael Reimer/Dirk Endisch
Baureihe 52.80
160 Seiten, 140 Abbildungen, z.T. in Farbe Format 17 x 24 cm, geb. ISBN 3-7654-7101-1
nur DM 39,80

Ton Pruissen/Rudolf Heym
Dampf zu Ulbrichts Zeiten
128 Seiten, 140 farbige Aufnahmen
Format 28 x 22,5 cm, gebunden mit Schutzumschlag
ISBN 3-932785-37-1
nur DM 59,80

GeraMond

Diese und viele weitere Bücher von GeraMond erhalten sie im gut sortierten Buchhandel oder direkt beim GeraMond Verlag, D-81664 München. Fordern Sie auch gleich unseren Gratisprospekt an: Tel. 0180 – 532 16 16
www.geranova.de